Das Tüpfelchen auf dem i

Franz W. Kuck • Christian Stang

Das Tüpfelchen auf dem i

Gebrauchsanweisung für Mikrotypografie

Zeilen- und Wortabstände, Nummern, Hilfs- und Wortzeichen, Akzente, Trennregeln, Aufzählungen, Zahlen, Korrekturzeichen etc.

Willkommen in der faszinierenden Welt zwischen den Wörtern

Lernen Sie die vielen Zeichen kennen, die sich zwischen den Wörtern tummeln.

Lernen Sie, wie sie heißen, welche Bedeutung sie haben und wie sie behandelt werden sollten.

Lernen Sie, welche Abstände die Zeichen zum Wort davor oder dahinter einzuhalten haben.

Lernen Sie, wann eine Zahl in Ziffern und wann sie als Wort zu schreiben ist.

Viel Vergnügen beim Eintauchen in die Welt der Mikrotypografie.

Bibliografische Information der Deutschen Nationalbibliothek

Die Deutsche Nationalbibliothek verzeichnet diese Publikation in der Deutschen Nationalbibliografie; detaillierte bibliografische Daten sind im Internet über http://dnb.d-nb.de abrufbar.

1. Auflage 2013

Dieses Buch wurde ausschließlich mit dem Programm Word erstellt. Dabei kamen die für Word typischen Schriften wie Times New Roman und Calibri zum Einsatz.

Umschlaggestaltung: Pierre Sick

Layout: Franz W. Kuck

Lektorat: Kirstin Diemer

ISBN 978-3-8307-1427-9

Printed in Germany

Die beiden Autoren widmen dieses Buch

- allen jungen Menschen, die irgendetwas mit Medien machen wollen,
- allen Studierenden, die noch nie etwas von Orthotypografie gehört haben,
- allen, die in Zeitungsredaktionen und Werbeagenturen volontieren oder Praktika absolvieren,
- allen, die in Behörden Texte ohne Hilfe einer sachkundigen Sekretärin schreiben müssen,
- allen, die in Firmen und Instituten die Sekretärinnen auf die korrekte Typografie hinweisen möchten,
- allen Word-Usern, die immer noch glauben, dass der Bindestrich auch das Minuszeichen ist,
- allen, die Briefpapiere und Anzeigen für Firmen entwerfen,
- allen, die Pressemitteilungen für Zeitungen und Zeitschriften erstellen,
- allen, die in Fernsehsendern Texttafeln für den Bildschirm gestalten,
- allen, die Wert legen auf die genaue Einhaltung der Corporate Identity ihrer Firma.

Inhalt

LESENISTSCHWERSTARBEITBESONDERSWENN ALLESINGROSSBUCHSTABENGESCHRIEBENIST

So sahen Römer ihre lateinischen Texte auf Papyrus und Pergament, auf Triumphbögen und Grabsteinen – nur Großbuchstaben, auch *capitalis monumentalis* genannt, keine Wortzwischenräume und auch keine Satzzeichen.

Nicht nur wir haben beim Lesen solcher Buchstaben-Bandwürmer unsere Schwierigkeiten. Karl, mit dem Beinamen der Große, litt auch darunter. Er war selbst des Lesens und des Schreibens kaum mächtig. Dennoch beauftragte er – so die gängige Legende – den irischen Diakon Alkuin von York, die im Kloster Corbie entdeckte, leicht lesbare Schrift als Standard weiterzuentwickeln. So kamen die Kleinbuchstaben und die deutlichen *Wortzwischenräume* in die Schrift. Nur die Satzanfänge wurden noch mit Großbuchstaben geschrieben. Die Schreibstuben der Klöster im Reich Karls des Großen bekamen diese *karolingische Minuskel* genannte Schrift und die neuen Regeln als Vorlagen. Sie dienten der besseren Lesbarkeit der Texte.

Die Schreibschrift hat sich bis zum Ende des 1. Jahrtausends weitgehend durchgesetzt. Sie ist bis heute die Grundlage aller Schriften, mit denen wir schreiben oder Texte verfassen. Lediglich die Regeln über die Abstände zwischen Wörtern und Sonderzeichen wurden im Laufe der Zeit immer wieder mal verfeinert, um die Lesbarkeit der Texte noch weiter zu verbessern.

Diese Regeln halten Sie heute in Händen. Sie sollten sie unbedingt beachten, damit sich der Lesende auf den Inhalt konzentrieren kann und nicht durch falsche Formen ins Stolpern kommt. Denn auch Form ist Information – falsche Form ist falsche Information.

Betrachten wir zunächst die drei waagerechten Striche, die den meisten Schreibenden große Schwierigkeiten bereiten:
den Bindestrich, den Gedankenstrich und das Minuszeichen. Wann welcher Strich gesetzt wird und warum, erfahren Sie im Kapitel über die Hilfs- und Wortzeichen.

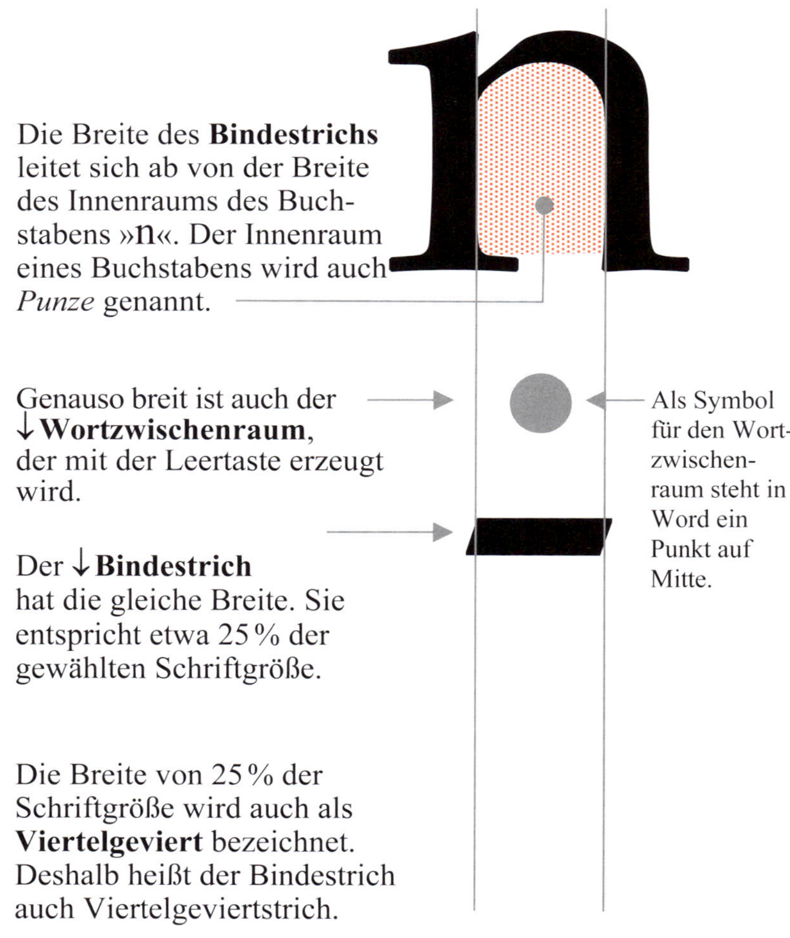

Die Breite des **Bindestrichs** leitet sich ab von der Breite des Innenraums des Buchstabens »n«. Der Innenraum eines Buchstabens wird auch *Punze* genannt.

Genauso breit ist auch der ↓**Wortzwischenraum**, der mit der Leertaste erzeugt wird.

Als Symbol für den Wortzwischenraum steht in Word ein Punkt auf Mitte.

Der ↓**Bindestrich** hat die gleiche Breite. Sie entspricht etwa 25 % der gewählten Schriftgröße.

Die Breite von 25 % der Schriftgröße wird auch als **Viertelgeviert** bezeichnet. Deshalb heißt der Bindestrich auch Viertelgeviertstrich.

Als Nächstes sehen wir uns den Gedankenstrich an.
Im folgenden Kapitel sehen Sie dann, für welche unterschiedlichen Funktionen er eingesetzt wird.

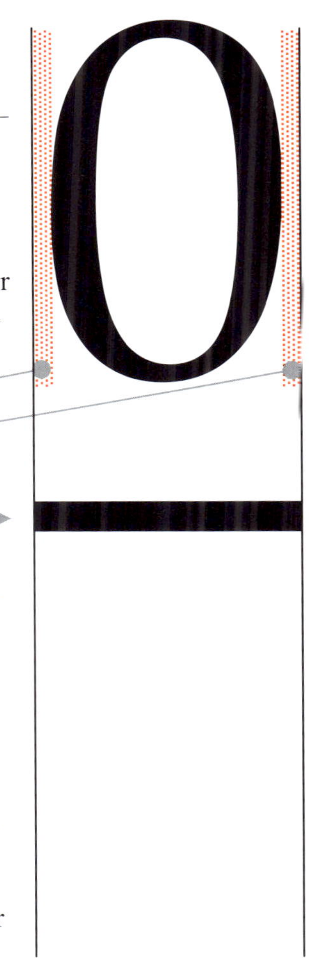

Die Breite des **Gedankenstrichs** leitet sich ab von der Breite einer Ziffer – ganz gleich, ob es sich um die schmal wirkende »1« oder um die breit aussehende »0« handelt.
Eine sogenannte Tabellenziffer hat immer die Breite von etwa 50% der Schriftgröße.

Vorbreite
Nachbreite

Der ↓**Gedankenstrich** ist genauso breit wie eine Ziffer einschließlich Vor- und Nachbreite.

Die Breite von 50% der Schriftgröße wird als **Halbgeviert** bezeichnet.
Deshalb heißt dieser Strich eigentlich **Halbgeviertstrich.**
Je nachdem, wo und wie er gesetzt wird, ist sein Name anders. Gedankenstrich ist nur einer davon.

Der letzte waagerechte Strich ist das Minuszeichen.

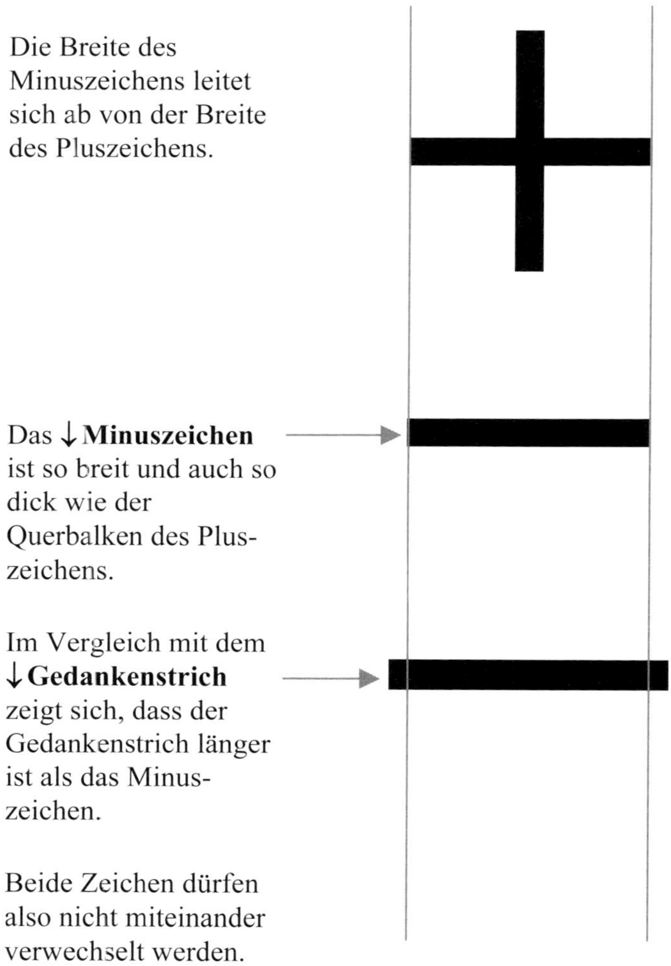

Die Breite des Minuszeichens leitet sich ab von der Breite des Pluszeichens.

Das ↓**Minuszeichen** ist so breit und auch so dick wie der Querbalken des Pluszeichens.

Im Vergleich mit dem ↓**Gedankenstrich** zeigt sich, dass der Gedankenstrich länger ist als das Minuszeichen.

Beide Zeichen dürfen also nicht miteinander verwechselt werden.

Werfen wir noch einen Blick auf den korrekten Stand der verschiedenen waagerechten Striche, den nicht alle Schriftgestalter eingehalten haben.

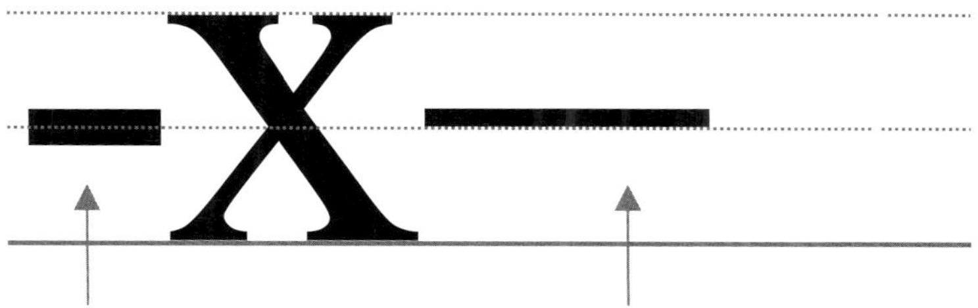

Der **Bindestrich**
liegt genau auf der punktierten Linie des kleinen »x«, der Mitte dieser Buchstabenhöhe.

Der **Gedankenstrich**
liegt über der punktierten Linie des »x«, steht also höher als der Bindestrich.

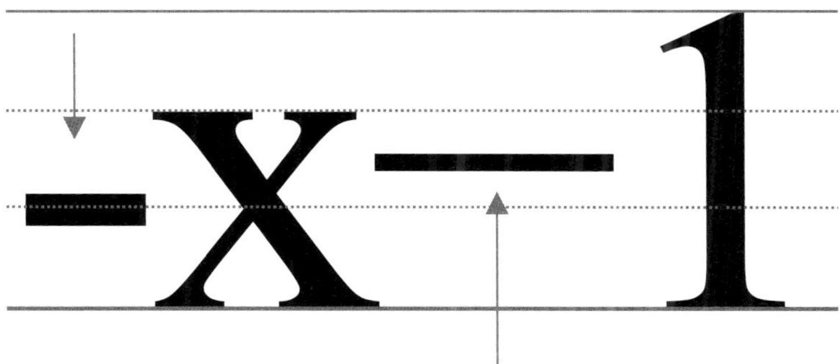

Das ↓**Minuszeichen**
steht höher als der Gedankenstrich. Es liegt in der Mitte der Ziffernhöhe.

Hinweise zur Notation

Folgende Symbole und Zeichen werden in diesem Buch verwendet:

Symbol	Bedeutung	Bildschirm
␣	normaler Wortzwischenraum [LEERTASTE] WZR	•
◇	geschützter Wortzwischenraum [STRG]+[⇧]+[LEERTASTE] GWZR Mac: [CTRL]+[⇧]+[LEERTASTE]	°
‖	halber geschützter WZR (über Makro) Achtelgeviert	°
≡	geschützter Bindestrich [STRG]+[⇧]+[BINDESTRICH] Mac: [CMD]+[⇧]+[BINDESTRICH]	-
≋	geschützter Gedankenstrich	
◌	Platzhalter für Buchstaben und Ziffern	
[ ]	Tastenbezeichnung	
[⇧]	Taste Umschaltung (Shifttaste)	
↑	Hinweis auf ein Stichwort/Kapitel weiter vorn im Text	
↓	Hinweis auf ein Stichwort/Kapitel weiter hinten im Text	

Alle Angaben zu Word beziehen sich auf die Versionen 2013, 2010 und 2007 sowie auf Word für Mac 2011.

Beginnen wir mit unseren Betrachtungen bei dem, was schon Karl der Große als wichtig für leichte Lesbarkeit empfand, dem

Wortzwischenraum.

Auf der Schreibmaschine war das alles ganz einfach: Man tippte auf die Leertaste und hatte einen Wortzwischenraum im Text. Dieser Zwischenraum war überall gleich breit – egal ob zwischen den Wörtern, zwischen Zahlen und Wörtern oder zwischen Zahlen und Abkürzungen. Gegen Ende der Zeile schätzte man ab, ob das, was man schreiben wollte, noch in die Zeile passte. Wenn nicht, ging man mit der Zeilenschaltung in die nächste Zeile und schrieb weiter.

Heute, im Zeitalter der PCs und Textverarbeitungsprogramme, sollte man schon beim Schreiben überlegen, für welchen Zwischenraum man sich entscheidet, es gibt derer drei:

- den normalen Wortzwischenraum (WZR) über die [LEERTASTE]. Er ist in den meisten Schriften so breit wie ein Viertel der gewählten Schriftgröße, kann aber im Blocksatz breiter werden;
- den geschützten Wortzwischenraum (GWZR), der genauso breit ist wie der WZR, aber die Textelemente davor und dahinter aneinanderkoppelt, sodass sie durch den Zeilenumbruch nicht auseinandergerissen werden. Er behält seine Breite im Blocksatz. Tasten: [STRG]+[⇧]+[LEERTASTE], Mac: [CTRL]+[⇧]+[LEERTASTE];
- den halben geschützten Wortzwischenraum (HGWZR), der ebenfalls die Textteile davor und dahinter aneinanderkoppelt, aber nur halb so breit ist wie der GWZR, ein Achtel der gewählten Schriftgröße. Er trägt den Namen »Achtelgeviert« und behält seine Breite. Obwohl dieses »Achtel« in vielen Texten eine wichtige Rolle spielt, ist es in den meisten Schriften nicht vorhanden. Es muss mit einem ↓Makro gebastelt werden. Lesen Sie auch, an welchen Stellen das ↓Achtel gesetzt wird, damit zusammenbleibt, was zusammengehört.

Blocksatz (variabler Wortzwischenraum)

Flattersatz (konstanter Wortzwischenraum)

linksbündig

rechtsbündig

auf Mitte

Sturzzeile: immer von unten nach oben zu lesen ⟶

Dies ist eine Sturzzeile.

Ob Blocksatz oder Flattersatz – ob Absätze mit oder ohne Einzug: Beim Seiten- oder Spaltenwechsel ist auf das korrekte Absatzende ohne »Hurenkind« oder »Schusterjungen« zu achten:

- Als »Hurenkind« oder »Witwe« bezeichnet man ein Absatzende, bei dem die letzte Zeile am Anfang der folgenden Seite oder Spalte steht. Vor der kurzen letzten Absatzzeile müssen mindestens zwei, besser drei volle Textzeilen stehen.

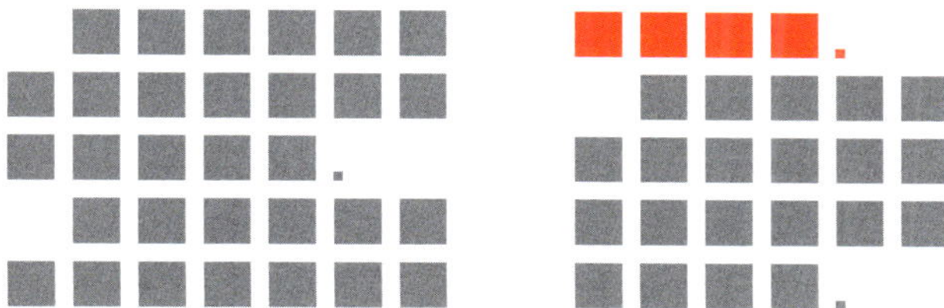

- Als »Schusterjungen« bezeichnet man einen Absatzanfang, bei dem die erste Zeile als letzte Zeile am Fuß einer Seite oder Spalte steht. Es müssen mindestens drei Textzeilen am Seiten-/Spaltenende stehen, oder der Text im Absatz davor ist entsprechend zu verlängern, damit die erste Absatzzeile in die neue Spalte oder auf die folgende Seite rutscht.

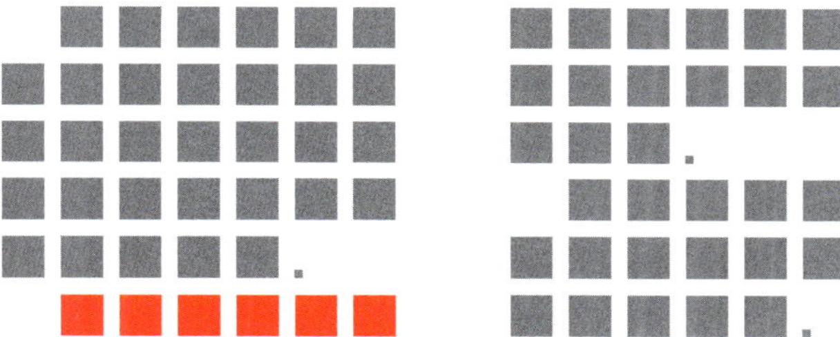

- Die letzte Zeile eines Absatzes sollte immer mindestens drei Silben umfassen. Sie sollte auf jeden Fall länger sein als der Einzug des folgenden Absatzes.
- Am Ende der letzten Zeile einer Seite oder Spalte sollte nie eine Worttrennung stehen.

Zeilenabstand

Für die leichte Lesbarkeit eines Textes ist nicht nur ein gleichmäßiger Wortabstand wichtig. Auch der richtige Zeilenabstand (ZAB), also der Abstand von der Schriftgrundlinie bis zur Schriftgrundlinie der nächsten Zeile, erleichtert das Lesen. Er hilft dem Auge, den Anfang der nächsten Zeile leicht zu finden.

Stehen die Zeilen zu eng untereinander, rutscht das Auge beim Zeilenwechsel häufig wieder in die Zeile, die man gerade erst gelesen hat, oder in die übernächste Zeile. Der Leser ärgert sich, weiß aber nicht, warum er sich »verliest«.

Ein zu großer Zeilenabstand wird als unangenehm empfunden, weil der weiße Raum zwischen den Zeilen zu groß ist.

Welches ist nun aber der richtige Zeilenabstand?

- Der Abstand zwischen den Zeilen (Durchschuss) sollte mindestens so groß sein wie der normale Wortabstand.
- Der Standard-ZAB in den PC-Programmen ist meist nur auf 120 % der Schriftgröße angelegt. Bei einigen häufig genutzten Schriften (Times) beträgt er sogar nur 115 %.
- Deshalb den Zeilenabstand auf 125 % erhöhen:
    - Word 2013 und 2010: **Start → Absatz** (Öffnen des Menüs durch Anklicken des Kästchens rechts neben *Absatz*) → **Einzüge und Abstände**
    - Word 2007: **Start → Absatz** (Öffnen des Menüs durch Anklicken des Kästchens rechts neben *Absatz*) → **Zeilenabstand → Zeilenabstandsoptionen**
    - Word für Mac 2011: **Start → Format → Absatz → Einzüge und Abstände**

  Im unteren Teil (**Abstand**) in **Zeilenabstand:** *Genau* auswählen und im Feld **Von:** (auf dem Mac **Maß:**) den Wert in Punkt (pt) angeben:

  Schriftgrad 10 pt Von:/Maß: 12,5 pt
  Schriftgrad 11 pt Von:/Maß: 13,5 pt
  Schriftgrad 12 pt Von:/Maß: 15 pt

Die folgenden Anmerkungen geben technische und orthografische Hinweise zu den Kapiteln »Die Hilfs- und Wortzeichen« und »Die Akzente«.

- Auf den folgenden Seiten steht unter den Sonderzeichen »U+«, diesen folgt eine vierstellige Nummer.
  Dies ist die sogenannte Unicode-Nummer*.
  Sie soll beim Einfügen eines Zeichens über die Tabelle der Symbole helfen, bei ähnlich aussehenden Zeichen das richtige zu erwischen.
  Die Unicode-Nummer wird in Word beim Anklicken eines Zeichens im Auswahlmenü unter der Tabelle der Symbole angezeigt.
- Unter dem Namen des Zeichens steht nach dem Wort »Taste(n)« die Tastenkombination, mit der das Zeichen direkt in den Text eingefügt werden kann, sofern das Zeichen auf einer Taste oder Tastenkombination liegt.
  Liegt ein Zeichen auf keiner Tastenkombination, stehen dort Punkte. Hier können Sie sich notieren, welche Tastenkombination Sie dem Zeichen zuordnen. Dies sollten Sie für die Zeichen tun, die Sie häufiger gebrauchen (↓Tastenkombinationen).
- Wenn nichts Besonderes vermerkt ist, gelten die Tastenkombinationen auch für den Mac.
- Als »Komposita« bezeichnen Sprachwissenschaftler eine Zusammensetzung aus zwei oder mehreren Wörtern. Dabei steht das »Grundwort« im Deutschen meist an letzter Stelle. Mit dem ersten Wort (oder den ersten Wörtern) wird dieses Grundwort genauer erklärt. Es heißt »Bestimmungswort«. In dem Begriff *St.-Josef-Kirche* ist *Kirche* das Grundwort. Die Wörter davor sagen, um welche Kirche es sich handelt.

* Unicode ist ein internationaler Standard, in dem alle Schriftzeichen der Welt mit einer Hexadezimalzahl versehen sind.

Die amtlichen Regeln der deutschen Rechtschreibung sehen in bestimmten Fällen Schreibvarianten vor.

Ein Beispiel, das sich auf die folgenden Seiten bezieht:

Beim Zusammentreffen von drei gleichen Buchstaben ist neben der Zusammenschreibung des Wortes auch der Gebrauch des Bindestrichs möglich:
Schifffahrt und *Schiff-Fahrt.*

Die beiden führenden orthografischen Wörterbücher der deutschen Sprache – Duden und Brockhaus/Wahrig – empfehlen beim Zusammentreffen von drei gleichen Konsonanten die Zusammenschreibung und beim Zusammentreffen von drei gleichen Vokalen die Schreibung mit Bindestrich – dies jedoch nicht bei Adjektiven und Partizipien:
Schifffahrt und *Tee-Ei,* aber: *seeerfahren.*

Auf den folgenden Seiten werden die Empfehlungen der beiden Wörterbuchredaktionen entsprechend berücksichtigt. Aus dem Fehlen von Schreibvarianten darf nicht geschlossen werden, dass diese nicht der gültigen orthografischen Norm entsprechen.

Bindestrich (einfach)

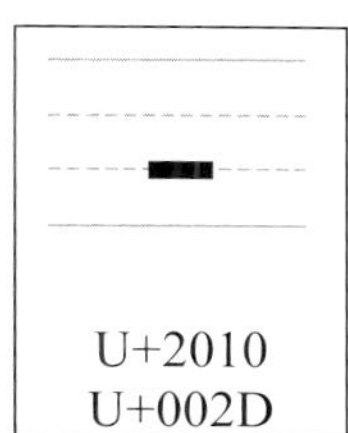

Taste: rechts neben dem Punkt [.]

Der Bindestrich steht

- wenn drei gleiche Vokale zusammentreffen:
  Tee-Ei, Kaffee-Ersatz, Zoo-Orchester, Hawaii-Insel
- •• aber kein Bindestrich bei Adjektiven/Partizipien:
  armeeeigen, schneeerhellt, seeerfahren
- •• auch kein Bindestrich bei zwei gleichen Vokalen:
  Kameraausrüstung, Mikroorganismen, Industrieerzeugnis
- •• auch nicht beim Zusammentreffen von drei Konsonanten:
  Schifffahrt, stilllegen, schusssicher, Missstand
- wenn das Wortbild *unübersichtlich* ist:
  Alpen-Ostrand (statt: Alpenostrand)
  Blumentopf-Erde (statt: Blumentopferde)
  Ost-Erweiterung (statt: Osterweiterung)
  Rad-Artisten (statt: Radartisten)
- wenn Verwechslungen möglich sind:
  Hoch-Zeit (nicht: Hochzeit), Streik-Ende (nicht: Streikende)

- In Farbnamen sollte gekoppelt werden, wenn es sich um zwei Farben handelt:
  eine blau-gelbe Flamme, die schwarz-weiße Trennlinie,
  das rot-weiß gestreifte Kleid oder das rot-weiße Kleid
- •• aber ohne Bindestrich, wenn es eine Mischfarbe ist:
  der graugrüne Pullover
- Zusammensetzungen aus *mehr* als drei Wortelementen sind zu koppeln, wenn das Wortbild *unübersichtlich* ist:
  Mehrzweck-Kirschentkerngerät
  (nicht: Mehrzweckkirsch-Entkerngerät)
- •• kein Bindestrich in Wörtern mit Fugenelement *s* oder *n*:
  Liebe**s**lied, Bahnhof**s**halle, Klasse**n**sprecher, Panne**n**hilfe
- bei Zusammensetzungen mit *fremdsprachlichen Ausdrücken,* die noch nicht als eingebürgerte Fremdwörter gelten:
  Victory-Zeichen, Evviva-Rufe, Mountainbike-Rennen

Bindestrich (einfach) *Fortsetzung*

Der Bindestrich steht

- als Durchkopplungsbindestrich bei mehrteiligen Eigennamen:
  Albrecht-Dürer-Allee, Georg-Büchner-Preis,
  St.-Josef-Kirche (besser mit ↓geschütztem Bindestrich ≡):
  St.≡Josef-Kirche
- wenn mehrere Wörter vor einem Grundwort stehen:
  das Rock-’n’-Roll-Festival, die K.≡o.-Niederlage,
  das Mensch-ärgere-dich-nicht-Spiel
  Stehen die Bestimmungswörter in Anführungszeichen, kann dort auf die Bindestriche verzichtet werden:
  das „Mensch ärgere dich nicht“-Spiel
- bei englischen Wortgruppen:
  State-of-the-Union-Botschaft, News-of-the-World-Reporter

Des Weiteren steht der Bindestrich

- vor Telefon-Durchwahlnummern:
  Sie erreichen mich unter (0‖45‖31)␣5‖04-33.
  Im Fließtext besser den geschützten Bindestrich setzen:
  Sie erreichen mich unter (0‖45‖31)␣5‖04≡33.
  Zur Schreibweise von Telefonnummern ↓Seiten 62 und 71.
- als Ergänzungsstrich für ein ausgelassenes Grundwort:
  Vor- und Zuname, gut- und bösartig, 2- bis 3-mal

HINWEIS: Wird ein einfacher Bindestrich als Auslassungsstrich für die erste Wortkomponente gesetzt, kann es passieren, dass beim Zeilenumbruch dieser Strich vom folgenden Wort getrennt wird: Der Bindestrich steht allein am Ende der Zeile und das Wort steht in der neuen Zeile.
Das ist auf jeden Fall zu vermeiden. In solchen Fällen ist immer der ↓geschützte Bindestrich zu setzen.

Bindestrich (geschützt)

—
U+2011

Tasten: [STRG]+[⇧]+[BINDESTRICH]
Mac: [CMD]+[⇧]+[BINDESTRICH]
Auf dem Bildschirm sieht er so aus: —
Erst beim Ausdruck wird er in den »Bindestrich« (-) umgewandelt.
Hier mit dem Zeichen ≡ dargestellt.

- Zur Koppelung von Buchstaben an ein Wort:
  H≡Milch, T≡Shirt, E≡Mail, S≡Bahn, x≡beliebig, i≡Punkt
- Zur Koppelung innerhalb von Abkürzungen:
  Tel.≡Nummer, Konto≡Nr., Dipl.≡Ing., UKW≡Sender, die K.≡o.-Tropfen, der R≡'n'≡B-Star
- Zur Koppelung von Abkürzungen an eine Zahl:
  die A≡1-Baustelle, die G≡8-Staaten, das G≡9-Gymnasium, die Ü≡30-Party, der S≡21-Konflikt, die U≡21-Mannschaft

  Merkregel: Steht ein Buchstabe für ein Wort, wird durchgekoppelt, wenn der Zahl ein Grundwort folgt.
- •• aber: ein A4≡Blatt, ein DIN≡A4-Blatt, der V8≡Motor
- Zur Koppelung von Zahlen an Wörter: 10≡jährig, der/die 10≡Jährige, 40≡Tonner, 100≡prozentig, 8≡Zylinder
- •• aber ohne Bindestrich, wenn die Zahl ausgeschrieben wird: zehnjährig, der/die Zehnjährige, der Vierzigtonner, hundertprozentig, der Achtzylinder
- •• kein Bindestrich (und kein ↓Apostroph), wenn ein Suffix folgt: der FDPler, ein 32stel, ein 68er
- in Zusammensetzungen mit Ziffern; vor dem nachfolgenden Grundwort steht ein einfacher Bindestrich (-):
  die 1.≡Mai-Feier, die 200≡Meilen-Zone, der 400≡m-Lauf, der 4×100≡m-Lauf, die 40≡Stunden-Woche, die 2≡kg-Dose
- Als Ergänzungsstrich für ein ausgelassenes Bestimmungswort: bergauf und ≡ab, Schulbücher und ≡hefte;
  außerdem in Fällen wie:
  Sonnenauf- und ≡untergang, Textilgroß- und ≡einzelhandel

Trennstrich – Divis *soft hyphen*

¬

U+00AC

Tasten: [STRG]+[BINDESTRICH]
Mac: [CMD]+[BINDESTRICH]

- Zur Kennzeichnung einer Trennstelle im Wort. Wird erst in den richtigen »Trennstrich« (-) umgewandelt und auf dem Bildschirm sichtbar, wenn die Stelle ans Zeilenende gerät.
- •• Nie den ↑Bindestrich als Trennstrich setzen, denn dieser bleibt als »verirrtes Divis« sichtbar im Wort stehen, wenn davor Text eingefügt wird: Es klingelte an der Haus-tür.
- •• Nie Einzelbuchstaben am Anfang oder am Ende eines Wortes abtrennen. Word macht das gelegentlich, obwohl die neue Rechtschreibung dies nicht mehr erlaubt:
  Ofen nicht: O-fen, Duo nicht: Du-o

Zusätzlich zu den bekannten **Trennregeln** gilt für guten Satz:

- •• Nie Silben mit zwei Buchstaben abtrennen, außer es handelt sich um ein Präfix oder um ein eigenständiges Wort:
  Nicht trennen: ruhig, Augen, Reihe, Suppe
  Trennung erlaubt: er¬fassen, Ei¬gelb, berg¬ab, Oster¬ei
- •• Nie Wörter in Überschriften trennen.
- •• Nie mehrsilbige Abkürzungen trennen – weder in Versal- noch in gemischter Schreibweise:
  UNESCO, UNICEF, NATO, CASTOR, BAföG, RADAR
  Unesco, Unicef, Nato, Castor, Bafög, Radar
- •• Auch Eigennamen (Vor-/Zunamen, Ortsnamen) nicht trennen. Sie werden durch ein ↓»Achtel« zusammengehalten.
- •• Nie Trennungen erstellen, die zu Fehllesungen führen:
  Blut¬erguss nicht: Bluter-guss
  be¬inhalten nicht: bein-halten
  Musik¬erziehung nicht: Musiker-ziehung
  Ur¬insekt nicht: Urin-sekt
- •• Nie mehr als drei Trennstriche untereinandersetzen.
- Im Flattersatz möglichst nur an der Wortfuge trennen:
  Zeilen¬abstand, Haushalts¬hilfe, Garten¬tor, Wind¬energie

Gedankenstrich (einfach)

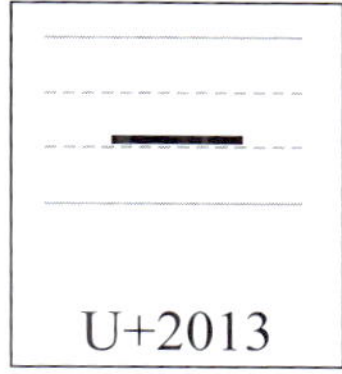

Tasten: [STRG]+[- auf dem Nummernblock]
Mac: [CMD]+[- auf dem Nummernblock]
Der Gedankenstrich heißt eigentlich »Halbgeviertstrich«. Er ist genauso breit wie eine Ziffer und wird für vier Funktionen eingesetzt: als Gedankenstrich, Gegen-Strich, Bis-Strich und als Streckenstrich.

- Als **Gedankenstrich** zur Abtrennung von Zusätzen oder Nachträgen im Satz mit GWZR (◇) davor:
  Du darfst nicht mitkommen◇–␣leider.
  Und plötzlich◇–␣absolute Stille.
  Menschen◇–␣Tiere◇–␣Sensationen.
  Eine◇–␣mehr oder weniger◇–␣gute Idee.

Der Gedankenstrich gehört in Fließtexten und in Überschriften nie an den Zeilenanfang, allenfalls ans Zeilenende. Eine Zeile beginnt nie mit einem Satzzeichen, auch nicht mit einem Gedankenstrich.

- Als **Gegen-Strich** in Sportberichten mit GWZR davor und dahinter: Heute spielte HSV◇–◇Bayern München 3:1.
- In Statistiken steht der Gedankenstrich für den Wert »Null«. Er steht an der Einer-Stelle oder über dem Dezimalkomma:

Firma	Stück	Umsatz
ABC	12	300,10
DEF	–	–
GHI	7	175,06

- Paarige Gedankenstriche kennzeichnen Anfang und Ende eines Einschubs. Die zwei Striche gehören (wie Klammern) zum Einschub. Der erste der beiden steht weder am Anfang noch am Ende einer Zeile: Das Bild◇–◇es ist das bekannteste der Malerin◇–␣wurde verkauft.
  Dieser Einschub kann auch zwischen Klammern stehen oder in Kommas eingeschlossen werden.

► Wenn Word nach dem **Bis-Strich** und dem **Streckenstrich** in die neue Zeile geht, besser den ↓»geschützten Gedankenstrich« verwenden.

Gedankenstrich* (geschützt) *figure dash*

U+2012

Tasten: ....

Anders als der einfache Gedankenstrich verbindet dieser Strich Wörter, Zeit- und Datumsangaben o. Ä. miteinander. So wird verhindert, dass sie am Zeilenende auseinandergerissen werden.

Er wird als Bis-Strich und als Streckenstrich ohne Abstand davor und dahinter verwendet.

- Der **Bis-Strich** steht nur zwischen Zahlen*:
- ○ Zeitangaben: Öffnungszeit: 8.30≈17.00 Uhr
  aber: Öffnungszeit: 8.30 Uhr bis 17.00 Uhr
- * Toleriert wird er zwischen abgekürzten Wochentagsnamen:
  Mo.≈Fr., Di.≈Sa.
- •• In der Formulierung »von … bis …« ist »bis« auszuschreiben:
  Geöffnet **von** 8.30 **bis** 17.00 Uhr
- ○ Jahreszahlen: der Erste Weltkrieg (1914≈1918)
  der General Havelock (1795≈1857)
- ○ Kalenderdaten: Ferien: 3.≈27. August
  aber: Ferien: 30. Juli bis 27. August
- •• **Nie** zwischen Buchstaben setzen. Nicht: die Welt von A–Z
- Als **Streckenstrich** steht er ohne Abstand davor und dahinter zwischen den Ortsnamen:
  die Autobahn Lübeck≈Hamburg, die Achse Moskau≈Paris, die Entfernung Erde≈Mond, das Rennen Paris≈Roubaix
  Bei mehrteiligen Ortsnamen den GWZR (◇) setzen:
  die Strecke New◇York≈Los◇Angeles, Bad◇Oldesloe≈Lübeck
- Er steht auch im Sinn von *»mit, zwischen … und«:*
  das Gespräch Putin≈Bush, die Verhandlung EU≈Türkei

* Steht der geschützte Gedankenstrich in der gewählten Schrift nicht zur Verfügung, den ↑einfachen Gedankenstrich setzen. Dabei ist darauf zu achten, dass der Strich nicht ans Zeilenende oder an den Zeilenanfang gerät.

Geviertstrich

U+2014

Tasten: ....

- Wird nur im Englischen als Gedankenstrich gesetzt – ohne Abstand davor und dahinter: “We will fly to Paris in May—if I get a raise.”
- Kann in Tabellen als Ersatz für zwei Dezimalnullen bei glatten Beträgen gesetzt werden. Aber besser schreibt man 9,00 Euro oder 9,00 EUR

Minuszeichen

U+2212

Tasten: ....

- Als Vorzeichen ohne Abstand: −10‖°C
- Als Rechenzeichen mit GWZR oder Achtel davor und dahinter: 5◇−◇8◇=◇−3 oder 5‖−‖8‖=‖−3

•• Nie Gedanken- oder Bindestrich als Minuszeichen setzen.

Gleichheitszeichen

U+003D

Tasten: [⇧]+[0]

- Als Rechenzeichen mit GWZR oder Achtel davor und dahinter: 7◇−◇5◇=◇2 oder 7‖−‖5‖=‖2
- Auch als Endsummenstrich zu verwenden.

Über-Strich (kombinierend)

U+0305

Tasten: ....

- Zur Kennzeichnung einer Dezimalzahl als Periode: $2{,}24\overline{3}$ (lies: *Periode drei*)
- Zur Kennzeichnung eines statistischen Mittelwerts: $\overline{x}$ (lies: *x gestrichen*)
- Als Vinculum; Multiplikation mit 1000: $\overline{\mathrm{X}} = 10\,000$.
- Verdoppelung von Frakturbuchstaben: $\overline{\mathfrak{m}}$ = mm

Ein Über-Strich ist in »Lucida Sans Unicode« vorhanden.

Schrägstrich

/

U+002F

Tasten: [⇧]+[7]

- Steht als Zeichen für die Wörter »und«, »oder/bzw.« sowie »je/pro« ohne Abstand davor/dahinter:
  - Bedeutung »und«:
    die CDU/CSU-Fraktion, das Wochenende 16./17. Mai, in der Bahnhofstraße 10/12, Ecke Bahnhofstraße/Kurallee, das MG Typ 08/15, die Meldung aus Paris/Rom, der Flughafen Köln/Bonn, der Herbst/Winter-Katalog, der Jahreswechsel 2013/2014, die Autoren Muret/Sanders, das Doppel Becker/Stich. Aber bei Vornamen mit Abstand: das Tennisdoppel Boris Becker◇/␣Michael Stich
  - Bedeutung »oder/bzw.«:
    der Ort Bautzen/Budyšin, die Fahrt nach Bozen/Bolzano, Studenten/Studentinnen, die Ober-/Unterseite
    Ich/Wir überweise(n) den Betrag.
  - Bedeutung »je/pro«:
    Er fuhr 120‖km/h. Ein Motor mit 750‖U/min. CO_2: 79‖g/km.
- Zur Kennzeichnung des Zeilenendes in Gedichten (im Blocksatz) mit GWZR davor und WZR dahinter:

  Nun will der Lenz uns grüßen◇/␣von Mittag weht es lau◇/␣aus allen Wiesen sprießen◇/␣die Blumen rot und blau.

  Der Schrägstrich darf dabei aber nicht am Zeilenanfang stehen. Deshalb vor dem Schrägstrich den GWZR (◇) setzen.

•• Keinen Schrägstrich setzen zwischen Ortsnetzkennzahl und ↓Telefonnummer:
nur: (0‖45‖31)␣85‖04-140 nicht: 04531/8504-140

•• kein Schrägstrich zwischen Ortsname und Ergänzung:
nur: Sanaa (Jemen) nicht: Sanaa/Jemen
nur: Florida (USA) nicht: Florida/USA
nur: Frankfurt (Oder) nicht: Frankfurt/Oder

•• Schrägstrich nie am Zeilenanfang setzen.

•• Schrägstrich nie als Bruchstrich verwenden. Nur den echten ↓Bruchstrich setzen. Schrägstrich nie als ↓Bis-Strich setzen.

Doppelter Schrägstrich

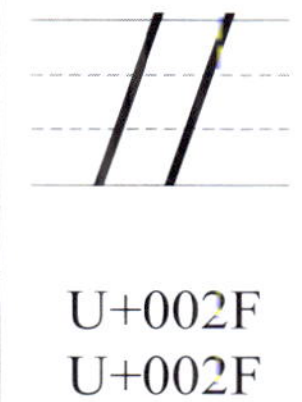

Tasten: [⇧]+[7] und [⇧]+[7]

- als Trennzeichen zwischen Hausnummer und Angabe des Stockwerks bzw. der Wohnungsnummer in Anschriften: Bahnhofstr.‖5◇//◇2.‖Stock oder //◇Whg.‖35
- zur Kennzeichnung von Strophenenden bei Gedichten
- zur Kennzeichnung des Endes von Manuskripten

Umgekehrter Schrägstrich *backslash*

U+005C

Tasten: [ALT GR]+[ß] Mac: [ALT]+[⇧]+[7]
Er dient als Trennzeichen zwischen mehreren Stufen in einer Datei-Verzeichnisstruktur bei Windows-Systemen (Pfadangabe):
D:\Dokumente\Recht\Vertrag.doc

Bruchstrich

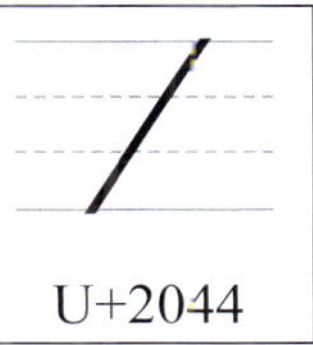

Tasten: ....
Voraussetzung für korrekte Brüche: Alle hoch- und tiefgestellten Ziffern müssen in der Schrift als Zähler und Nenner vorhanden sein.
Vorsicht mit Hoch- und Tiefstellungen von Ziffern in Word. Durch Tiefstellung einer Zahl wird bei vielen Schriften aus einer Ziffer eine Index-Zahl, die als Nenner zu tief steht: CO_2
Die Unterkante des Nenners steht auf der Schriftgrundlinie: ½
Statt des Bruchstrichs hier nie den Schrägstrich verwenden: 1/2

Senkrechter Strich *vertical bar*

U+007C

Tasten: [ALT GR]+[|] (Taste links neben »Y«)
Mac: [ALT]+[7]
In Wörterbüchern kennzeichnet dieser Strich die möglichen Trennstellen im Wort. Grafiker verwenden ihn auch gern in horizontalen Aufzählungen. Sie sollten aber dafür besser den ↓Aufzählungspunkt setzen.

Doppelkreuz – Nummernzeichen *hash*

Taste: rechts neben der Taste [Ä]
Dieses Zeichen – auch »Nummernzeichen« oder »Raute« genannt – wird inzwischen in Twitter direkt vor ein Wort gesetzt und damit im Internet zum Suchbegriff gemacht (Hashtag).
Als Nummernzeichen wird es in den USA und in Kanada verwendet. Im Deutschen sollte man besser die Abkürzung »Nr.« schreiben, nicht aber die englischen Abkürzungen »№« oder »No.« verwenden.

Mal-/Multiplikationszeichen

Tasten: ....

- Zur Angabe von Länge mal Breite (mal Höhe) mit Achtel davor und dahinter:
  25‖×‖45‖×‖30‖cm
- Zur Angabe von Laufstrecken ohne Achtel vor und hinter dem Malzeichen:
  4×100≡m≡Lauf/Staffel (≡ ↑geschützter Bindestrich)
  oder: 4≡mal≡100≡m-Lauf/Staffel

•• **Nicht** das kleine »**x**« als Malzeichen verwenden.

- In Gleichungen kann auch der ↓Mittepunkt (•) gesetzt werden: 5◇·◇2◇=◇10 oder 5‖·‖2‖=‖10
- In mathematischen Formeln wird nur der Mittepunkt (•) gesetzt, weil das ×-Zeichen mit der Variablen »x« verwechselt werden kann.

Divisionszeichen

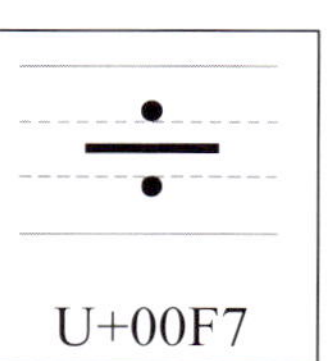

Tasten: ....
Auf Taschenrechnern verwendetes Zeichen zur Kennzeichnung der Divisionstaste. Das Zeichen ist im englischen Sprachraum verbreitet.
Im Tabellenkalkulationsprogramm Excel von Microsoft wird als Geteiltzeichen der ↑Schrägstrich eingesetzt.

Klammern (runde)

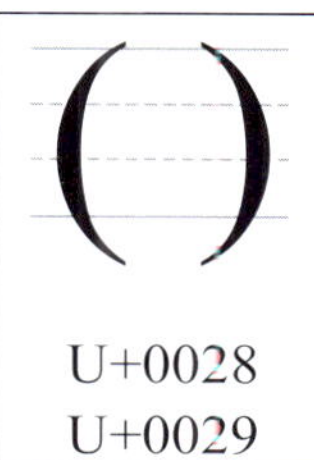
U+0028
U+0029

Tasten: [⇧]+[8] bzw. [⇧]+[9]

- Für Abkürzungen von Langnamen:
  Badische Anilin- & Soda-Fabrik (BASF)
- Für Erläuterungen zu Abkürzungen:
  MPG (Max-Planck-Gesellschaft), 103 kW (140 PS)
- Für Altersangaben oder Jahreszahlen:
  Fritz Müller (45), Emil Nolde (1867–1956)
- Für geografische Ergänzungen zu Ortsnamen:
  Reinfeld (Holstein), Sanaa (Jemen), Frankfurt (Oder)
  aber: Frankfurt am Main oder Frankfurt a. M.
- Für Ortsnetzkennzahlen bei Telefonnummern: (0 45 31)
  ↓Uhrzeit, Datum und Telefonnummern
- Zur sprachlichen Gleichbehandlung von Frauen/Männern:
  Lehrer(innen) – als Kurzform für Lehrerinnen und Lehrer
- Für Einschübe, die zwischen Kommas oder Gedankenstrichen stehen könnten.
- Für Vergleichszahlen: diesjähriger Export 1500 t (1200 t)
- Lautäußerungen in Interviews: (lacht), (seufzt), (murmelt)

Klammern (eckige)

[ ]
U+005B
U+005D

Tasten: [ALT GR]+[8] bzw. [ALT GR]+[9]
Mac: [ALT]+[5] bzw. [ALT]+[6]

- Für Erläuterungen zu bereits in runden Klammern stehenden Wörtern und Sätzen:
  (… Franz [aus lat. Franciscus] …)
- Schließt die Lautschrift zu einem Wort ein:
  Fair Trade [feə 'treɪd]
- Für Erläuterungen des Autors in einem Zitat:
  »Er [Müller] konnte nicht mehr rechtzeitig kommen.«
- Für Auslassungspunkte in einem Zitat, wenn diese Auslassung nicht im Original steht: […]
- Als Hinweis auf eine Besonderheit oder einen Fehler im zitierten Text: [sic!]

Doppelklammern (runde)

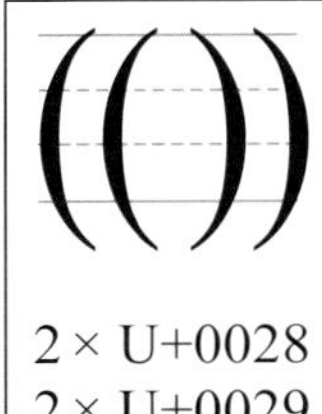

2 × U+0028
2 × U+0029

Tasten: [⇧]+[8] und [⇧]+[8] bzw.
[⇧]+[9] und [⇧]+[9]

In Doppelklammern werden Erklärungen zu Korrekturen gesetzt:
((Minuszeichen)), ((Achtelgeviert))

Klammern (spitze) – **Winkelklammern**

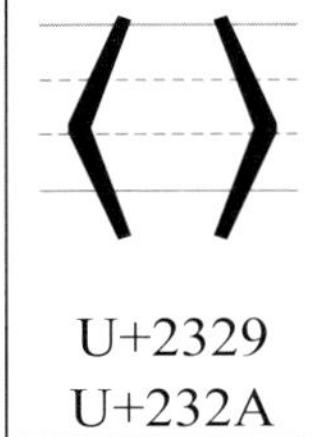

U+2329
U+232A

Tasten: ....

Umschließen etymologische Angaben zu Wörtern. Es können auch die einfachen englischen Anführungszeichen gesetzt werden: '...'
Diese Klammern sind aus der Schrift Cambria Math.

Akkoladen – **Nasenklammern**

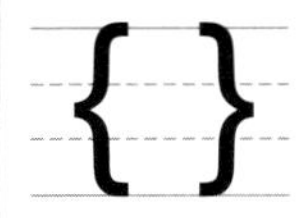

U+007B
U+007D

Tasten: [ALT GR]+[7] bzw. [ALT GR]+[0]
Mac: [ALT]+[8] bzw. [ALT]+[9]

- Die geschweiften Klammern verwendet man im Fließtext selten. Sie werden eingesetzt, wenn zusätzlich zu den runden und eckigen Klammern weitere Klammern notwendig sind. Reihenfolge:
  (... [... { ... } ...] ...)
- In Texten kann die Akkolade mehrere Zeilen zusammenfassen:

Zeile A		
Zeile B	}	Ergebnis
Zeile C		

- In der Mathematik werden in der aufzählenden Schreibweise für Mengen geschweifte Klammern gesetzt.
  M = {3, 6, 9, 12, ..., 96, 99}
  bedeutet: Die Menge der durch 3 teilbaren Zahlen zwischen 0 und 100.

Mittepunkt – Punkt auf Mitte

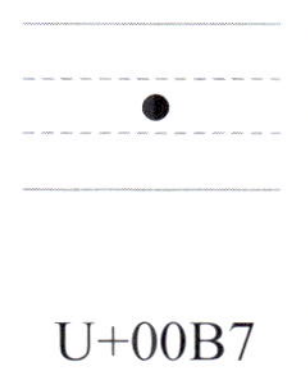

U+00B7

Tasten: ....

- Als Malzeichen in Gleichungen mit GWZR oder Achtel davor und dahinter: 7◇·◇5◇=◇35 oder 7‖·‖5‖=‖35
- Zur Kennzeichnung von Silbengrenzen in Wörterbüchern: Sprach·wis·sen·schaft

Aufzählungspunkt – fetter Mittepunkt

U+2022

Tasten: ....

- Zur Kennzeichnung eines neuen Abschnitts in einer vertikalen Aufzählung wie in diesem Beispiel.
- Abstand nach dem Punkt: ein Geviert (mit Tabulator setzen).
  Der Abstand (einschließlich des Punktes) entspricht etwa 140 % der Schriftgröße.
- Die übrigen Absatzzeilen als hängenden Einzug setzen.
- Zwischen Elementen einer horizontalen Aufzählung:
  XYZ GmbH • Musterstraße 9 • 99999 Musterstadt
- •• **Nicht** den sogenannten Spiegelstrich als Ersatz für den Aufzählungspunkt setzen. Das war zur Zeit der Schreibmaschine üblich, weil es zur Kennzeichnung einer Aufzählung nur diesen Strich gab.
- Statt des Aufzählungspunktes können auch andere, optisch auffällige Zeichen verwendet werden: ■, ►, ▷, ○, ◙, ☞

Aufzählungszeichen haben gegenüber der Kennzeichnung einer Aufzählung mit Ordnungszahlen den Vorteil, dass die Anzahl der genannten Punkte nicht abgeschlossen sein muss. Ordnungszahlen können den Eindruck erwecken, dass die Aufzählung vollständig ist und eine Rangfolge aufweist.

Punkt

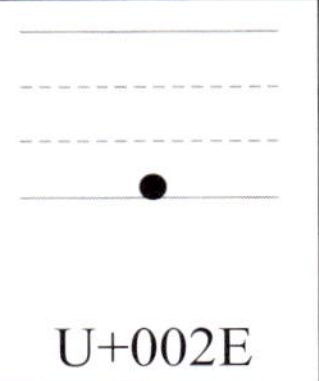

Taste: rechts neben dem Komma [,]

- Zur Kennzeichnung eines Satzendes. Steht am Satzende eine Abkürzung mit Punkt, so ist dieser Punkt zugleich Satzschlusspunkt.
- Zur Kennzeichnung von Abkürzungen, die im vollen Wortlaut ausgesprochen werden: Dr., Prof., evtl., Dipl.≡Ing., z.‖B., Tel.≡Nr., Abb., Mio., v.‖Chr.
- Ohne Punkt bleiben Abkürzungen von Maß-/Gewichts-einheiten, Himmelsrichtungen, physikalischen Einheiten und chemischen Elementen: cm, km, m^2, ha, ml, l, m^3, g, kg, t, SW (Südwest[en]), kWh, A (Ampere), Ra (Radium)
- Ohne Punkt bleiben auch Abkürzungen, die wie ein Wort gesprochen – und inzwischen auch so geschrieben werden: Aids, Nato, Uno, Unicef, Unesco, Castor
- Zur Kennzeichnung einer Zahl als Ordnungszahl: 15.‖April, 2.‖Reihe, Elizabeth‖II.
- Nach Abkürzungen nichtdezimaler Einheiten: Dtzd. (Dutzend), Pfd. (Pfund), St. (Stück), Ztr. (Zentner)

•• Aber ohne Punkt: h (Stunde), min (Minute), s (Sekunde)

- Zur Gliederung einer nichtdezimalen Einheit wie der ↓Uhrzeit (Seite 70) steht zwischen Stunden und Minuten der Punkt: 20.15‖Uhr.
  Hier keinen ↓Doppelpunkt setzen. Er wird bei der Angabe einer ↓Zeitdauer gesetzt.

•• **Nicht** den Punkt zur Tausender-Trennung von Zahlen setzen: Ausnahme: Bei Geldbeträgen darf ein Punkt dort gesetzt werden, wo Fälschungen möglich sind.
Gliederung von ↓Nummern und ↓Zahlen (Seiten 62 u. 64).

- Frei stehende Zeilen bleiben ohne Punkt:

○ Nach Überschriften und Titeln. In Betreffzeilen von Briefen, Datumsangaben, Grußformeln und der Unterschrift.

○ Ohne Punkt bleiben auch Bildunterschriften, die keinen vollständigen Satz bilden oder nur den Namen des Abgebildeten benennen.

Doppelpunkt

U+003A

Tasten: [⇧]+[Punkt]

- Als Ankündigungszeichen vor Zitaten oder direkter Rede.
  Das Sprichwort lautet: »Wer rastet, der rostet.«
- Vor Aufzählungen/Zusammenfassungen:
  Nachgeliefert werden: Rohre, Muffen und Dichtungen.
  Der Wald, die Felder und der See: All das gehört ihm.
- Der Doppelpunkt entfällt in Aufzählungen vor Wörtern wie nämlich, wie, also, namentlich.
- Als Geteiltzeichen mit GWZR oder Achtel davor und dahinter.
  93◇:◇3◇=◇31 oder 93‖:‖3‖=‖31
- Als Verhältniszeichen in der Bedeutung »zu«:
  - Beim Maßstab mit Achtel davor und dahinter:
    1‖:‖50‖000
  - Als Angabe eines Mischungsverhältnisses mit Achtel davor und dahinter:
    3‖:‖5
  - In Sportergebnissen allerdings ohne Achtel:
    Das Spiel endete 3:1.
- Zur Angabe einer ↓Zeitdauer (Seite 70):
  2:03:38 Std. (Marathon-Rekord)

Merkregel: Zeit**p**unkt mit **P**unkt –
Zeit**d**auer mit **D**oppelpunkt

Auslassungspunkte (Ellipse)

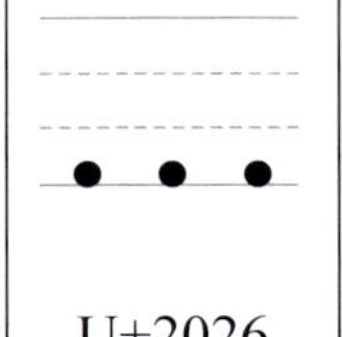
U+2026

Tasten: [STRG]+[ALT]+[PUNKT]
Mac: [ALT]+[PUNKT]

- Zur Kennzeichnung ausgelassener Buchstaben: »Das ist doch Sch…!« (Siehe auch ↓Apostroph.)
- Zur Kennzeichnung ausgelassener Wörter: Er kam, sah und‖…
- ○ Stehen die Auslassungspunkte zu nah beieinander, so setzt man besser drei Punkte mit Achtel dazwischen: Er kam, sah und‖.‖.‖. nicht: Er kam, sah und‖...
- •• **Nie** drei Punkte ohne Zwischenraum setzen.
- ○ Unabhängig von der Anzahl der ausgelassenen Buchstaben oder Wörter: Immer nur drei Punkte setzen.
- Am Satzende ist der letzte Auslassungspunkt zugleich Satzschlusspunkt. Folgen in einem Satz nach einer Abkürzung mit Punkt drei Auslassungspunkte, so ist zwischen dem Abkürzungspunkt und den Auslassungspunkten ein GWZR zu setzen: Unterschrieben war es mit: Der Verf.◇.‖.‖.
- Zur Kennzeichnung von Auslassungen in einem Zitat, wenn die Auslassung *nicht* im Original steht: […]

Bis-Punkte

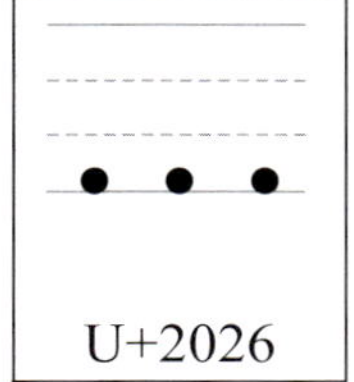
U+2026

Tasten: [STRG]+[ALT]+[PUNKT]
Mac: [ALT]+[PUNKT]
In der Mathematik sind die drei Punkte Fortsetzungspunkte in der Bedeutung *»bis, usw.«*:

- ○ a, b, c,‖.‖.‖., z
- ○ *Menge*: {x_1, x_2,‖.‖.‖., x_n}
- ○ Stehen die Auslassungspunkte zu nah beieinander, so setzt man besser drei Punkte mit Achtel dazwischen (wie oben dargestellt).

Statt der Bis-Punkte wird in der Mathematik kein ↑Bis-Strich gesetzt. Er könnte mit einem Minuszeichen verwechselt werden.

Apostroph (Hochkomma)

’
U+2019

Tasten: [⇧]+[#]
(zweimal drücken, erstes Zeichen löschen)
Mac: [ALT]+[⇧]+[#]
In Word: In **AutoFormat während der Eingabe** muss *"Gerade" Anführungszeichen durch „typografische“* aktiviert sein.

- Zur Kennzeichnung des Genitivs von Namen, die auf *s, ss, ß, tz, z, x* oder *ce* enden:
  Dumas’ Werke, Grass’ Butt, Voß’ Übersetzung, Ringelnatz’ Gedichte, Kuryłowicz’ Forschung, Beatrix’ Sohn, Wallace’ Kandidatur
  Auch wenn *s, z, x* usw. in der Grundform stumm sind:
  Cannes’ Filmfestspiele, Boulez’ Kompositionen, Giraudoux’ Werke, Bordeaux’ Hafen
- Zur Kennzeichnung des Fehlens eines/mehrerer Buchstaben:
  D’dorf, M’gladbach, Ku’damm, ’ne nette Idee, so geht’s, das war’s (kann in neuer Rechtschreibung auch ohne Apostroph geschrieben werden: so gehts, das wars)
- Der Apostroph in englischen/amerikanischen Firmennamen:
  Levi’s, Lloyd’s of London, McDonald’s, Sotheby’s, Christie’s
- •• kein Apostroph nach Imperativen: »Lass das!«, »Ruf ihn!«
- •• kein Apostroph für das entfallene Schluss-*e* bei bestimmten Verbformen: Ich hör das. Ich bring es ihm.
- •• kein Apostroph bei Pluralformen von Abkürzungen:
  die CDs, die Pkws nicht: die CD’s, die Pkw’s
- •• kein Apostroph bei Paarformeln:
  mit Müh und Not, sein Hab und Gut, in Reih und Glied
- •• kein Apostroph in allgemein üblichen Verschmelzungen:
  ans, ins, ums, fürs, hinters, übers
- •• kein Apostroph bei Fremdwörtern im Genitiv, die auf eine unbetonte Silbe mit einem s-Laut ausgehen:
  des Organismus, des Mythos, des Journalismus
- •• Keinen Apostroph als Ersatz für das weggelassene Jahrhundert setzen. Nicht: im Jahr ’13 – Nur: im Jahr 13
  Bei alphanumerischer Schreibung vierstellige Jahreszahl:
  Nur: 15. Januar 1913 – Nicht: 15. Januar ’13 ↓Seite 63
- •• Nicht bei gekürzten Wörtern, die mit *r* beginnen:
  rausbringen, rauswerfen, reinlegen

Anführungszeichen

„ “

U+201E
U+201C

Tasten: [⇧]+[2] und [⇧]+[2]
In Anführungszeichen sind zu setzen:

- direkte Rede und Zitate
- Sprichwörter: Das Sprichwort „Eile mit Weile“ hört man oft.
- Zeitungs-/Zeitschriftentitel:
  die Zeitung „Die Welt“, ein Bericht des „Spiegel**s**“
- Schiffsnamen:
  das Kreuzfahrtschiff „Deutschland“, die Taufe der MS „Elbe“
  Kategoriebezeichnungen wie MS (= Motor Ship), SS (= Steam Ship), USS (= United States Ship) oder HMS (= Her/His Majesty's Ship) gehören nicht zum Namen und stehen deshalb außerhalb der Anführung.
- Veranstaltungs-/Werktitel (Buch-/Filmtitel und Bühnenwerke):
  die Ausstellung „Oldtimer“, die letzte Aufführung des „Zerbrochenen Krug**s**“, die Sendung „Wetten, dass . . .?“
- Wörter, über die eine Aussage gemacht werden soll:
  Die Präposition „ohne“ fordert den Akkusativ.
- Wörter oder Wortgruppen, die ironisch gemeint sind:
  Sie nimmt mal wieder ihre „Grippe“.
  Er betrachtet ihn als „Laufjungen“.
- •• **Achtung!** Die Verdana-Abführungszeichen sind falsch: "
- •• **Nicht** die Schreibmaschinen-Anführungszeichen (") verwenden.
- •• **Kein** Anführungszeichen vor einem Initial setzen.
- •• **Ohne** Anführungszeichen: Namen von Kinos, Radio- und TV-Sendern und Wörter, die durch die ↓Hervorhebung *kursiv* (Seite 54) bereits gekennzeichnet sind:
  Was für den einen *Kitsch,* ist für den anderen *Kunst.*
- Bei längeren fremdsprachigen Zitaten sind die Anführungszeichen der jeweiligen Sprache zu setzen:
  Der Trainer sagte: “Never change a winning team.”
  Frankreichs Präsident rief: « Vive la république ! »

Anführungszeichen (einfache, halbe)

‚ ‘

U+201A
U+2018

Tasten: ....

- Zur Kennzeichnung einer Anführung innerhalb einer Anführung:
  „Er sagte mir, du seiest eine ‚Null‘.“
  Sie fragte: „Wie schreibt man ‚Grieß‘?“
  Er rief: „Heute wird die ‚Elbe‘ getauft.“
- Bei häufigen ↓Hervorhebungen (Seite 54) besser die *Kursiv*stellung nutzen.

•• **Nie** das Komma (U+002C) für die einfache Anführung setzen.

•• Die einfache Abführung nicht als Apostroph oder als ↓Minutenzeichen verwenden.

- Stoßen einfache und doppelte Anführungszeichen aufeinander, so ist dazwischen ein Achtel zu setzen: „Das Buch trägt den Titel ‚Allgemeinbildung von A bis Z‘‖“, sagte er.

Anführungszeichen – zweite Form

U+00BB
U+00AB

Tasten: ....
Diese Anführungszeichen heißen »Guillemets«. Sie stehen im Deutschen mit der Spitze zum Wort. Im Französischen und im Schweizerischen stehen sie umgekehrt («. . .»).

- Gleiche Anwendung wie bei den „Gänsefüßchen“.

•• **Nicht** die Zeichen für *größer als* (>) oder *kleiner als* (<) verwenden.

Anführungszeichen (halbe) – zweite Form

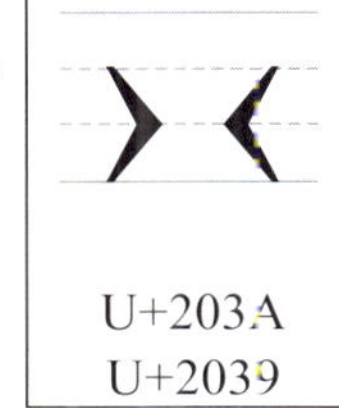

U+203A
U+2039

Tasten: ....
Halbe »Guillemets« stehen im Deutschen mit der Spitze zum Wort (in Frankreich und in der Schweiz umgekehrt).

- Gleiche Anwendung wie bei den halben einfachen „Gänsefüßchen“.

•• **Nicht** *größer als* (>) oder *kleiner als* (<) dafür verwenden.

Minutenzeichen

′

U+2032

Tasten: ....

- Als Zeichen für die Winkelminuten in geografischen Angaben:
  53°49′10″||Nord
- •• **Nicht** den ↑Apostroph als Minutenzeichen verwenden.
- •• **Nicht** das Minutenzeichen für den Apostroph verwenden.
- In der Musik kann die Dauer eines Stücks auch mit dem Minuten- und Sekundenzeichen angegeben werden:
  4′33″ (= 4 Minuten, 33 Sekunden)
- In der Mathematik steht das Zeichen für die Ableitung einer Funktion: f′ oder f'
- Als Zeichen für die englische Längeneinheit *foot (Fuß)*:
  1′ = 30,48 cm = 12 Zoll

Zoll- und Sekundenzeichen

″

U+2033

Tasten: ....

- Als Maßangabe für Zoll oder Inch direkt hinter der Zahl:
  Bildschirmdiagonale: 19″ (lies: 19 Zoll)
  1″ = 25,4 mm
- Als Zeichen für die Sekunden in geografischen Angaben direkt hinter der Zahl:
  53°49′10″||Nord
- In der Musik kann die Dauer eines Stücks auch mit dem Minuten- und Sekundenzeichen angegeben werden:
  4′33″ (= 4 Minuten, 33 Sekunden)
- •• **Nicht** das doppelte Abführungszeichen oder den ↓Doppelakut (Seite 48) als Sekundenzeichen verwenden.
- In der Mathematik steht das Zeichen für die zweite Ableitung einer Funktion: f″ oder f''

Gradzeichen

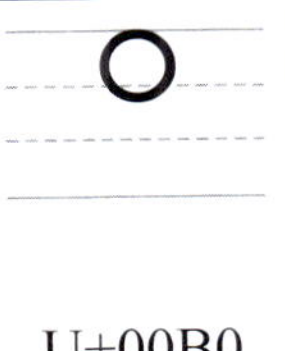

U+00B0

Tasten: [⇧]+[^] (Taste links neben der 1)

- Als Zeichen für Grad direkt hinter der Zahl:
  ein Winkel von 45°
  Wir sind auf 53°‖Nord.
- Als Zeichen für Temperatur-Grade direkt vor der Abkürzung »C« für Celsius:
  +20‖°C
  Aber direkt nach der Zahl, wenn »Celsius« ausgeschrieben wird: 20°‖Celsius
  Gilt auch für »°F« (Grad Fahrenheit) und »°R« (Grad Réaumur).
  »K« (Kelvin) bleibt ohne °-Zeichen.

Et-Zeichen

U+0026

Tasten: [⇧]+[6]

- Das kaufmännische »und«-Zeichen nur zwischen Personennamen in Firmennamen setzen:
  Schmidt‖&‖Koch, Müller‖&‖Söhne‖OHG,
  Meyer‖&‖Co
  (durchkoppeln, wenn ein weiteres Wort folgt: das Meyer-&≡Sohn-Erzeugnis)
- Beim Zeilenumbruch gehört das &-Zeichen in die neue Zeile. Dann einen WZR vor das &-Zeichen und einen GWZR hinter das &-Zeichen setzen:
  Schmidt␣&◇Koch
  ↓»Damit zusammenbleibt, was zusammengehört« (S. 72)
- Achtung! Einige Firmen schreiben sich mit dem ↓Pluszeichen:
  Kühne‖+‖Nagel, Blohm‖+‖Voss, Gruner‖+‖Jahr
- •• Das &-Zeichen nie als Ersatz für das Wort »und« in Fließtexten oder Überschriften verwenden.

Abzüglich

U+2052
U+066A

Tasten: ....
Das kaufmännische Minuszeichen wird meist in Rechnungen verwendet: ⁒‖2‖%‖Skonto
In Word das arabische Prozentzeichen (U+066A) verwenden.

At-Zeichen

U+0040

Tasten: [ALT GR]+[Q]
Mac: [ALT]+[L]
Als Zeichen für »bei« (»at«) in E-Mail-Adressen. Zeilenumbruch nur nach dem @-Zeichen erlaubt.

Copyright-Zeichen

U+00A9

Tasten: [STRG]+[ALT]+[C]
Mac: [ALT]+[G]
Zwischen ©-Zeichen und folgendem Namen oder folgender Jahreszahl steht ein Achtel:
©‖Fritz␣M.‖Müller oder ©‖2013‖Fritz␣M.‖Müller

Durchmesser – Durchschnitt

U+2300

Tasten: ....
Achtel zwischen Zahl und Maßeinheit:
ein Rohr mit 12,7‖cm‖⌀, . . . mit 5″‖⌀
In Word in der Schrift »Arial Unicode MS« vorhanden.

•• **Nicht** das skandinavische **Ø** (U+00D8) als Ersatz verwenden.

Gegen-Zeichen

kein Unicode-Codepunkt

Tasten: [Punkt] und [⇧]+[7] und [Punkt]

- Als juristisches Zeichen zwischen Parteien-Namen. GWZR davor und dahinter: der Prozess Meier◇./.◇Müller
- Konstruktion: [Punkt]+[Schrägstrich]+[Punkt] Schrägstrich und folgenden Punkt markieren und auf ⅛ der Schriftgröße schmal stellen.

Sternchen – Geboren-Stern

U+002A

Tasten: [⇧]+[+]

- Als Zeichen für »geboren« steht zwischen * und folgender Zahl ein Achtel: *‖1910, *‖7.‖5.‖1910
- Als Fußnotenstern steht das Zeichen direkt hinter dem zu kennzeichnenden Wort: Als Moltke* kam…
- •• Den Stern als Fußnotenzeichen nur bei maximal drei Anmerkungen pro Seite verwenden.
- Zur Kennzeichnung von Pflichtfeldern in Formularen.

Kreuz

U+2020

Tasten: ....

Zeichen zur Kennzeichnung eines Todesdatums. Zwischen Kreuz und folgender Zahl steht ein Achtel:

†‖1945, †‖1.‖3.‖1945

Mikro-Zeichen

U+00B5

Tasten: [ALT GR]+[M] Mac: [ALT]+[M]

Der griechische Buchstabe µ steht als Vorsatz direkt vor einer Maßeinheit: 90‖µm

Bedeutung: ein Millionstel (10^{-6})

Paragrafzeichen

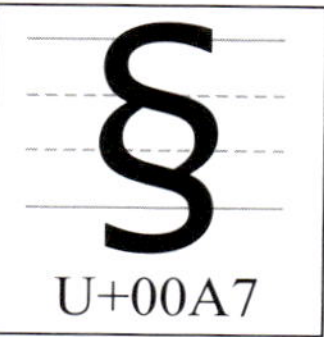

Tasten: [⇧]+[3]
Achtel als Abstand zwischen § und Zahl:
§‖45‖b
Folgt keine Zahl, ist »Paragraf« auszuschreiben.
Steht vor § ein Artikel, ebenfalls ausschreiben:
Das schreibt der Paragraf 5 vor.
Mehrere Paragrafen:
§§‖15‖ff., §§‖823–853 (mit ↑Bis-Strich)
Aber: §5≡Regelung

Pluszeichen

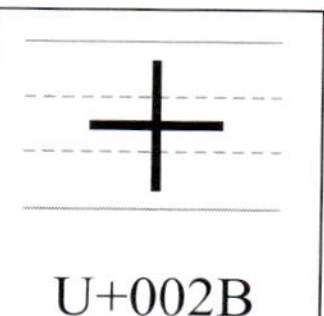

Taste: rechts neben der Taste [Ü]

- Als Vorzeichen ohne Abstand direkt vor der Zahl:
  eine Temperatur von +20‖°C
- Als Rechenzeichen mit Festabstand (Achtel) oder GWZR davor und dahinter:
  7‖+‖9‖=‖16 oder 13◇+◇8◇=◇21

Pfennigzeichen – Deleatur

U+20B0

Tasten: ....
Das alte deutsche Pfennigzeichen wird heute hauptsächlich als Deleatur-Zeichen bei Textkorrekturen auf Manuskripten oder Druckfahnen verwendet. Deleatur bedeutet:
Es möge getilgt werden.
Die Form geht auf den kleinen Buchstaben »*d*« in der deutschen Kurrentschrift 𝒹 zurück.

Pfundzeichen

℔

kein Unicode-Codepunkt

Tasten: ....
Das Gewichtszeichen Pfund (500 Gramm) kommt nur noch als handschriftliches Zeichen bei Lebensmitteln vor. Gelegentlich wird das Wort Pfund noch in der Umgangssprache verwendet. Es gehört nicht mehr zu den genormten SI-Einheiten.

Prozentzeichen

%

U+0025

Tasten: [⇧]+[5]
Zwischen Zahl und % ein Achtel bzw. einen geschützten Wortzwischenraum setzen:
4,5‖% Dividende; aber: 5%-Hürde, 6%-Anleihe
Das Achtel entfällt bei Ableitung: *25%ige Lösung*
Im Fließtext besser ausschreiben:
5≡Prozent-Hürde, 25≡prozentige Lösung

Promillezeichen

‰

U+2030

Tasten: ....
Zwischen Zahl und ‰ ein Achtel setzen:
7‖‰ Azeton, 1,5‖‰ Alkohol
Im Fließtext besser ausschreiben:
1,5◇Promille Alkohol

Quadratzeichen

^{2}

U+00B2

Tasten: [STRG]+[ALT]+[2]
Mac: [CMD]+[D] → **Effekte** → **Hochgestellt**
Die hochgestellte Ziffer »2« mit der Bedeutung »Quadrat« steht direkt hinter einer Maßangabe:
Das Zimmer hat 24‖m^2. (lies: Quadratmeter)
Das Gleiche gilt für die hochgestellte »^{3}« (= Kubik).
Tasten: [STRG]+[ALT]+[3], für den Mac wie oben.
Die Bezeichnungen »qm, qcm« und »cbm, ccm« gehören nicht mehr zu den genormten SI-Einheiten.

Die auf den folgenden Seiten gezeigten Akzente der europäischen Sprachen sollte jeder Schreibende mit Namen kennen, denn es ist auch ein Gebot der Höflichkeit, Eigennamen, Ortsnamen und Markennamen fremder Sprachen mit den entsprechenden Akzenten zu schreiben – und das mit den richtigen:

López	nicht: Lopez	Nestlé	nicht: Nestle
Muñoz	nicht: Munoz	São Paulo	nicht: Sao Paulo
Ribéry	nicht: Ribery	Škoda	nicht: Skoda
Piëch	nicht: Piech	Citroën	nicht: Citroen

Ab Word 2007 gibt es zwar für eine Reihe von häufig gebrauchten Akzenten (Gravis, Akut, Zirkumflex, Tilde, Trema, Kringel, Cedille und Schräg- und Querstriche) sowie für Ligaturen Tastenkombinationen, diese sind jedoch nur für jeweils festgelegte Zeichen möglich und decken auch nicht das gesamte Spektrum der Akzente ab.

So fehlen zum Beispiel Tastenkombinationen für Buchstaben und Akzente der osteuropäischen Sprachen wie Breve, Doppelakut, Hatschek, Makron, Komma und Ogonek.

Wenn keine Tastenkombination angeboten wird, kann das Zeichen über **Einfügen → Symbol → Weitere Symbole** (Word 2013, 2010 und 2007) bzw. **Einfügen → Symbol → Erweitertes Symbol** (Word für Mac 2011) eingefügt werden. Die Auswahl der angebotenen Zeichen wird über die Felder **Schriftart** sowie **Subset** (auf dem Mac nur **Schriftart**) gesteuert. Da dies doch ein eher umständliches Verfahren ist, bietet es sich an, hier eigene Tastenkombinationen festzulegen. Vorschläge finden Sie auf Seite 51.

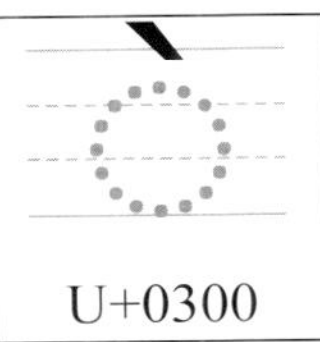
U+0300

Gravis (schwer)

Tasten: [⇧]+[´`] / [A],[E],[I],[O],[U]=à, è, ì, ò, ù
[⇧]+[´`] / [⇧]+[A], [⇧]+[E] … [⇧]+[U]
Französisch: À à, È è, Ù ù
Italienisch: À à, È è, Ì ì, Ò ò, Ù ù
Portugiesisch: À à
Walisisch: Ẁ ẁ, Ỳ ỳ

U+0301

Akut (spitz, scharf)

Tasten: [´`] / [A],[E],[I],[O],[U],[Y]=á, é, í, ó, ú, ý
[´`] / [⇧]+[A], [⇧]+[E] … [⇧]+[I]
Französisch, Luxemburgisch: É é
Italienisch: É é, Ó ó
Niederländisch: Á á, É é, Ó ó
Norwegisch: É é
Portugiesisch/Spanisch: Á á, É é, Í í, Ó ó, Ú ú
Bosnisch, Kroatisch, Serbisch: Ć ć
O'Sorbisch: Ć ć, Ń ń, dź – N'Sorbisch: Ć ć, Ń ń, Ŕ ŕ Ś ś, Ź ź
Polnisch: Ć ć, Ń ń, Ś ś, Ź ź – Ó ó [u]
Slowakisch: Á á, É é, Í í, Ĺ ĺ, Ó ó, Ŕ ŕ, Ú ú, Ý ý
Tschechisch: Á á, É é, Í í, Ó ó, Ú ú, Ý ý
Ungarisch: Á á, É é, Í í, Ó ó, Ú ú

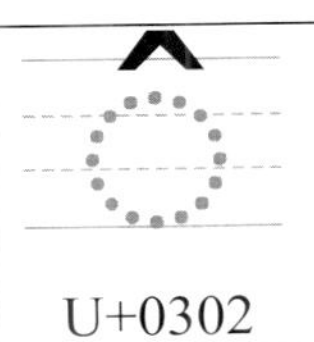
U+0302

Zirkumflex

Tasten: [°^] / [A], [E], [I], [O], [U] = â, ê, î, ô, û
[°^] / [⇧]+[A], [⇧]+[E] … [⇧]+[U]
Französisch: Â â, Ê ê, Î î, Ô ô, Û û
Italienisch: Î î
Niederländisch: Â â, Ê ê, Î î, Ô ô, Û û
Norwegisch: Ô ô
Portugiesisch: Â â, Ê ê, Ô ô
Rumänisch: Â â, Î î
Türkisch: Â â, Î î, Û û

Tilde

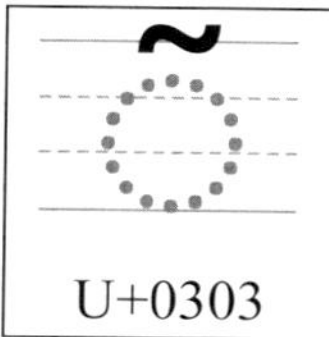

Tasten: [STRG]+[ALT]+[*+~] / [A], [N], [O]
[STRG]+[ALT]+[*+~] / [⇧]+[A] . . . [⇧]+[O]
Mac: [ALT]+[N] / [A], [N], [O]
[ALT]+[N] / [⇧]+[A], [⇧]+[N], [⇧]+[O]
Spanisch, Baskisch, Bretonisch: Ñ ñ
Portugiesisch: Ã ã, Õ õ
Estnisch: Õ õ

Makron

U+0304

Tasten: ....
Lettisch: Ā ā [aː], Ē ē [eː], Ī ī [iː], Ū ū [uː]
Litauisch: Ū ū [uː]
Baskisch: D̄ d̄

Hatschek – Caron

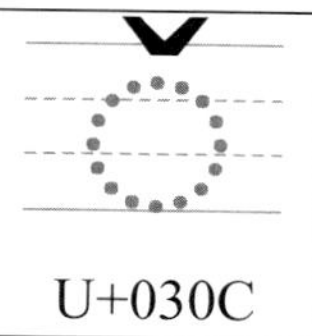

Tasten: ....
Bosnisch, Kroatisch: Č č, DŽ, dž, Š š, Ž ž
Serbisch: Č č, DŽ, dž, Š š, Ž ž
Lettisch, Litauisch, Slowenisch: Č č, Š š, Ž ž
Estnisch: Š š, Ž ž
Slowakisch: Č č, Ď ď, Ľ ľ, Ň ň, Š š, Ť ť, Ž ž
Sorbisch: Č č, Ě ě, Ř ř, Š š, Ž ž
Tschechisch: Č č, Ď ď, Ě ě, Ř ř, Š š, Ť ť, Ž ž

Breve

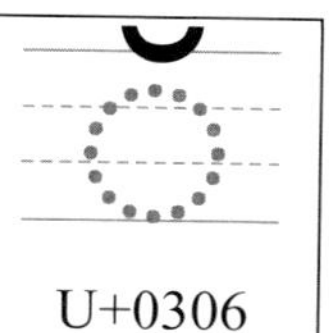

Tasten: ....
Rumänisch: Ă ă (unbetonter Vokal [ə])
Türkisch: Ğ ğ

Doppelakut

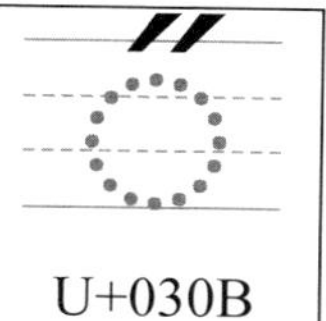

Tasten: ....
Ungarisch: Ő ő, Ű ű (längere Aussprache)

Trema (Trennpunkt)

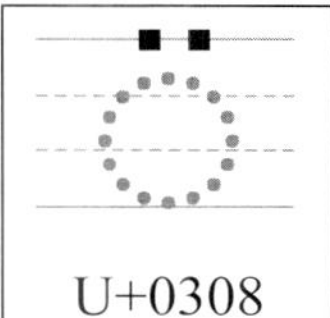
U+0308

Tasten: [STRG]+[⇧]+[:] / [E], [I], [Y] = ë, ï, ÿ
[STRG]+[⇧]+[:] / [⇧]+[E] ... [⇧]+[Y]
Mac: [ALT]+[U] / [E], [I], [Y]
[ALT]+[U] / [⇧]+[E], [⇧]+[I], [⇧]+[Y]
Albanisch: Ë ë [ə]
Estnisch: Ä ä, Ö ö, Ü ü
Finnisch: Ä ä, Ö ö
Französisch: Ë ë, Ï ï, Ü ü, Ÿ ÿ
Isländisch: Ö ö
Niederländisch: Ä ä, Ë ë, Ï ï, Ö ö, Ü ü
Slowakisch: Ä ä
Spanisch: Ü ü
Ungarisch: Ö ö, Ü ü

Punkt

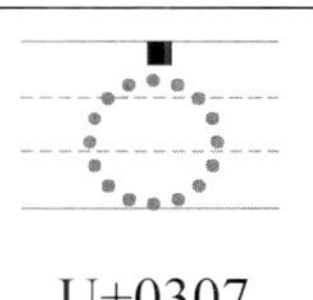
U+0307

Tasten: ....
Irisch: Ċ ċ, Ġ ġ
Litauisch: Ė ė
Polnisch: Ż ż
Maltesisch: Ċ ċ, Ġ ġ, Ż ż
Türkisch: İ ı (punktloses i)

Ring – Kringel *(bolle, Kroužek)*

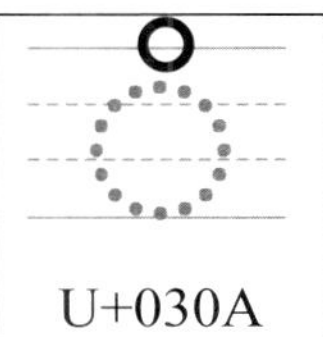
U+030A

Tasten: ....
Dänisch, Norwegisch, Schwedisch: Å å
Tschechisch: Ů ů (Ů nur bei Versalschreibung)

Apostroph

U+0315

Tasten: ....
Slowakisch: [Ď] ď, [Ť] ť, Ľ ľ
Tschechisch: [Ď] ď, [Ť] ť

Cedille

Tasten: [STRG]+[,] / [⇧]+[C] bzw. / [C]
Mac: [ALT]+[⇧]+[C] bzw. [ALT]+[C]
Albanisch: Ç ç [ʧ]
Katalanisch: Ç ç (nur vor a, o, u = [s])
Französisch: Ç ç = vor a, o, u [s], nicht [k]
Lettisch: Ģ ģ, Ķ ķ, Ļ ļ, Ņ ņ
Livisch: Ḑ ḑ, Ļ ļ, Ņ ņ, Ŗ ŗ
Portugiesisch: Ç ç = [s] stimmlos
Türkisch: Ç ç = [tʃ] statt [ʤ], Ş ş = [ʃ]

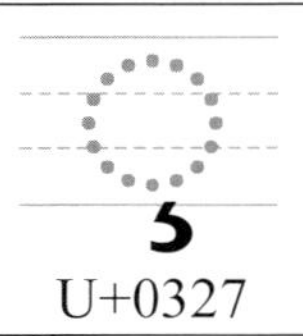
U+0327

Komma

Tasten: ....
Livisch: Ț ț
Lettisch: Ķ ķ, Ļ ļ
Rumänisch: Ș ș, Ț ț

U+0326

Ogonek

Tasten: ....
Litauisch: Ą ą, Ę ę, Į į, Ų ų
Polnisch: Ą ą, Ę ę

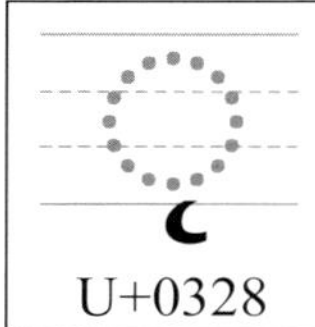
U+0328

Schrägstrich (kombinierend)

Tasten: [STRG]+[⇧]+[7] / [⇧]+[O] bzw. / [O]
Mac: ....
Dänisch, Norwegisch: Ø ø
Sorbisch, Polnisch: Ł ł

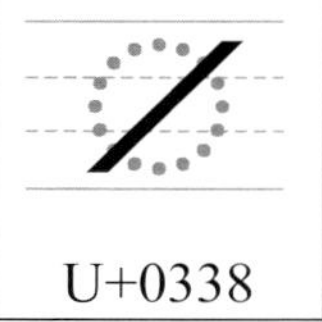
U+0338

Querstrich (kombinierend)

Tasten: ....
Bosnisch, Kroatisch, Serbisch: Đ đ
Isländisch: Ð ð
Maltesisch: Ħ ħ; Nordsamisch: Ŧ ŧ

U+0336

Hier finden Sie Vorschläge, wie Sie Tastenkombinationen für Zusammensetzungen aus Buchstaben und Akzenten festlegen können, die Sie sich leicht merken können.

Je nachdem, ob Sie sich den Anfangsbuchstaben eines Akzentnamens oder die Form des Akzents besser einprägen können, sind folgende Beispiele zu empfehlen:

	Buchstabe	Form
	Hatschek	sieht aus wie ein **V**
Č	[ALT]+[**H**] / [⇧]+[C]	[ALT]+[**V**] / [⇧]+[C]
č	[ALT]+[**H**] / [C]	[ALT]+[**V**] / [C]
	Breve	sieht aus wie ein **U**
Ğ	[ALT]+[**B**] / [⇧]+[G]	[ALT]+[**U**] / [⇧]+[G]
ğ	[ALT]+[**B**] / [G]	[ALT]+[**U**] / [G]
	Ogonek	sieht aus wie ein **L**
Ę	[ALT]+[**O**] / [⇧]+[E]	[ALT]+[**L**] / [⇧]+[E]
ę	[ALT]+[**O**] / [E]	[ALT]+[**L**] / [E]

\+ bedeutet: gleichzeitige Tastenbetätigung
/ bedeutet: Tastenbetätigung nacheinander

Also zunächst die erste Tastenkombination drücken, dann die Tastenkombination loslassen.
Danach (/) den gewünschten Kleinbuchstaben oder zusammen mit der Taste [⇧] den Großbuchstaben tasten.

Nach diesem Muster können weitere Festakzente auf Tastenkombinationen gelegt werden. Vergewissern Sie sich vorher, ob die Zeichen in der gewählten Schrift vorhanden sind. Sollten die gewählten Tastenkombinationen bereits von Word durch einen Menü-Aufruf belegt sein, kann statt der Taste [ALT] die Tastenkombination [ALT GR]+[STRG]+[⇧]+[BUCHSTABE] (bzw. [CTRL]+[CMD]+[⇧]+[BUCHSTABE] auf dem Mac) verwendet werden.

Ligaturen

Ligaturen sind in der Typografie Verschmelzungen oder Zusammensetzungen von Buchstaben, die zusammengehören. Der Begriff geht auf das lateinische *ligare* ([fest]binden) zurück. Johannes Gutenberg kann als Erfinder der Ligaturen gelten. Er benutzte für seine Gutenberg-Bibel, die er um 1455 in Mainz druckte, 290 Schriftzeichen, davon war ein großer Teil Ligaturen: Für die Silbe »ba« benutzte er vier verschieden breite Ligaturen, »be« gab es in drei Dickten, »de« sogar in sechs. So war es dem Tüftler möglich, ein regelmäßiges Satzbild zu erzeugen, ohne dass dabei große Wortzwischenräume entstanden. In der Zeit, in der man noch regelmäßig mit Frakturschriften arbeitete, war die Anzahl der Ligaturen im Deutschen umfangreich. Das einzige Zeichen, dem man im Deutschen die Ligatur noch deutlich ansieht, ist das *ß*.
Es entstand wohl aus dem langen ſ (s) und dem ʒ (z).

Weitere Beispiele:

- Das kaufmännische »und«-Zeichen (&, &) entstand aus der Schreibweise von »et« (französisch *und*).
- Das Prozentzeichen % ist auch eine Ligatur, die aus den Buchstaben »cto« für »cento« (italienisch *hundert*) entstand.
- Das @-Zeichen ist eine Ligatur aus „at“ (englisch *bei*). Es ist Bestandteil von E-Mail-Adressen. Es trennt den Benutzernamen von der Domain-Angabe.
- Auch unser »W« war ursprünglich eine Ligatur. Sie setzte sich aus den Buchstaben »VV« oder »UU« zusammen, was man noch an der englischen Bezeichnung für das »W« erkennen kann: *double u* (Doppel-u).
- Nur der Vollständigkeit halber sei erwähnt, dass es im Deutschen Ligaturen gibt, die im ästhetisch wertvollen Satz verwendet werden. Beispiele: ﬁ *für* fi *und* ﬂ *für* fl. Sie können allerdings Rechtschreibprüfprogramme verwirren, die nur Einzelbuchstaben erkennen. Außerdem ist es nur erfahrenen Setzern und Korrektoren vergönnt, die genauen Regeln der schwierigen Anwendung zu kennen.

Ligatur A + E

Tasten: [STRG]+[⇧]+[6] / [⇧]+[A]
Mac: [ALT]+[⇧]+[Ä]
Dänisch: Ærø, Ærøskøbing
Isländisch, Faröisch und Norwegisch

U+00C6

Ligatur a + e

Tasten: [STRG]+[⇧]+[6] / [A]
Mac: [ALT]+[Ä]
Dänisch: vær *(bitte)*, læge *(Arzt)*
Französisch: curriculum vitæ *(Lebenslauf)*

U+00E6

Ligatur O + E

Tasten: [STRG]+[⇧]+[6] / [⇧]+[O]
Mac: [ALT]+[⇧]+[Ö]
Französisch: Œuvre *(Werk)*

U+0152

Ligatur o + e

Tasten: [STRG]+[⇧]+[6] / [O]
Mac: [ALT]+[Ö]
Französisch: cœur, bœuf, Horsd'œuvre, sœur

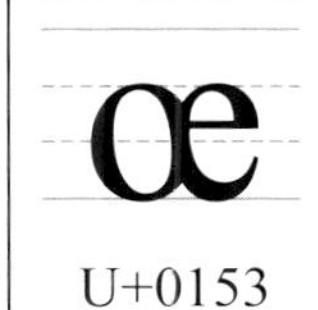

U+0153

Ligatur I + J

Tasten: ....
Niederländisch: IJsselmeer [ɛɪsəlˈmeːʁ]
Dazu die kleine Ligatur ij (U+0133).

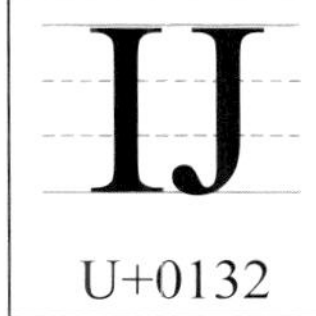

U+0132

Wie bei den Akzenten ist es auch hier eine Frage der Höflichkeit, Wörter fremder Sprachen mit Ligaturen zu schreiben, wenn dort Ligaturen gefordert sind.

Wer in seinen Texten Wörter oder Passagen hervorheben möchte, damit die Lesenden auf diese Textstellen aufmerksam gemacht werden, hat viele Möglichkeiten:

Er kann sie unterstreichen, s p e r r e n , **fett** setzen, sie in „deutsche" oder »französische« Anführungszeichen setzen, in VERSALIEN oder KAPITÄLCHEN schreiben, die Schriftart wechseln oder einfach *kursiv* stellen.

Die Unterstreichung und die S p e r r u n g sollten Sie gleich wieder vergessen. Sie sind unbedingt zu vermeiden. Sie sind ein Überbleibsel aus der Schreibmaschinenzeit. Damals waren dies die einzigen Möglichkeiten, um Textstellen hervorzuheben. Unterstreichungen sollten heutzutage nur noch bei Internetlinks und E-Mail-Adressen eingesetzt werden.

Aber auch die weiteren Möglichkeiten bringen Probleme mit sich: Die fette **Auszeichnung** ist zu aufdringlich. Außerdem lässt sie den Text leicht unruhig erscheinen, wenn sich diese Auszeichnungsart im Text häuft. Sie eignet sich eigentlich nur für Überschriften, kurze Bildunterschriften, Tabellenköpfe oder Teile von Aufzählungen, weil sie die Aufmerksamkeit auf sich zieht.

Anführungszeichen sollten der „wörtlichen Rede" und der Wiedergabe von »Zitaten und Sprichwörtern« vorbehalten bleiben. Deshalb sollte man bei der Wiedergabe von Zeitungs- oder Werktiteln darauf verzichten.

Längere Textabschnitte in VERSALIEN sind meist schlecht zu lesen. Firmen, deren Logo in Großbuchstaben geschrieben wird, sollten ihren Namen in Fließtexten in gemischter Schreibweise mit Groß- und Kleinbuchstaben wiedergeben. Nicht die Logo-Schreibweise im Text nachahmen.

Grundsätzlich sollte man nicht alle Möglichkeiten, die Word als Textverarbeitungsprogramm bietet, nutzen.

Eine Auszeichnung mit KAPITÄLCHEN, die gern für Autorennamen oder in Büchern für Absatzanfänge verwendet wird, ist in Word problematisch, weil echte Kapitälchen im Zeichenvorrat meist nicht vorhanden sind.

Übrig bleibt die *kursive* Hervorhebung von Textstellen. Sie ist die eleganteste Art der Auszeichnung und fügt sich am besten in den Text ein. Die Kursivstellung signalisiert dem Leser oder der Leserin, dass diese Textstelle entweder besonders *betont* werden soll oder dass die Textstelle eine andere *Bedeutung* hat als der restliche Text. Die den kursiven Wörtern folgenden Satzzeichen (außer Anführungszeichen und Klammern) sind ebenfalls kursiv zu setzen. Tasten: [STRG]+[⇧]+[K] bzw. auf dem Mac: [CMD]+[I]

Ist der Text zwischen Anführungszeichen oder Klammern komplett kursiv, so werden auch die sie umschließenden Zeichen kursiv gesetzt. Ist nur ein Teil kursiv, so bleiben die Zeichen aufrecht – auch wenn ein kursives Wort am Anfang oder Ende steht.

> Längere Textpassagen können auch durch Einrückung in normaler Schrift hervorgehoben werden. Sie sollten aber mindestens drei Zeilen lang sein.

Typografisch besonders bedenklich ist es, wenn gleich zwei Auszeichnungen miteinander kombiniert werden:

- fett und unterstrichen: am **<u>Schwarzen Brett</u>**
- fett und Anführungszeichen: am **„Schwarzen Brett“**
- fett und kursiv: am ***Schwarzen Brett***

Außer durch Hervorhebungen kann man die Aufmerksamkeit der Lesenden auch durch eine Aufzählung auf einen bestimmten Textteil lenken. Möglichkeiten der Aufzählung sind: eine Liste, ein Verzeichnis, eine Aufstellung und eine Aneinanderreihung.

Aufzählungen mit Punkten

heben sich deutlich vom Fließtext ab, wenn sie durch die sog. Aufzählungspunkte am linken Schreibrand gekennzeichnet sind. Der Abstand vom Punkt zum Text beträgt ein Geviert. Die Absätze als Flattersatz sind mit hängendem Einzug zu versehen.

Beispiel:

Diese typografischen Regeln sind zu beachten:

- Statt Unterstreichungen besser kursive Hervorhebungen verwenden.
- Auf Schusterjungen und Hurenkinder (Witwen) achten: Mindestens zwei volle Zeilen sollten unter dem Absatzbeginn und über der Absatzauslaufzeile stehen.
- Keine häufigen Schriftwechsel. Eine serifenlose Schrift ist gut geeignet für Überschriften, Tabellen usw.
- Für Fließtexte auf jeden Fall eine Serifenschrift verwenden.

Der Vorteil dieser Art von Aufzählung ist, dass sie nicht den Eindruck erweckt, sie sei vollständig. Es könnten noch weitere Punkte genannt werden. Die an erster Stelle genannte Aussage muss nicht die wichtigste sein. Eine solche Aufzählung darf sich nie über zwei Spalten oder Seiten erstrecken.

Aneinanderreihungen mit Punkten

Dies ist eine sog. horizontale Aufzählung, in der die Punkte die optische Trennung der Begriffe im Sinne von »und« oder »Komma« übernehmen. Beispiele:

Menschen • Tiere • Sensationen
Mustermann GmbH • Musterstraße 5 • 99999 Musterhausen

Aufzählungen mit Zahlen

Diese Art der Aufzählung mit Ordnungszahlen hat den Vorteil, dass der Lesende weiß, dass die Liste vollständig ist. Es kann kein weiterer Punkt hinzukommen. Außerdem steht der wichtigste oder chronologisch erste Punkt an erster Stelle.

Beispiel:

Die vier Jahreszeiten sind folgende:

1. der Frühling,
2. der Sommer,
3. der Herbst,
4. der Winter.

Der Einleitungssatz wird mit einem Doppelpunkt abgeschlossen. Nach jedem Punkt der Aufzählung steht ein Komma. Der letzte Punkt schließt mit einem Satzschlusspunkt.
Der Abstand zwischen Ordnungszahl und Text beträgt ein Geviert.

Geht die Anzahl der Aufzählungspunkte in den zweistelligen Bereich, sind die einstelligen Ordnungszahlen mit dem Tabulator rechtsbündig auszurichten, damit die Punkte hinter den Zahlen auf einer Fluchtlinie stehen.

Beispiel:

Im Frühling holt sie sich viele Zweige ins Haus:

1. Forsythien,
2. Schlehen,
3. Zierjohannisbeere,

⋮

10. Flieder,
11. Holunder,
12. Rotdorn.

Die dezimale Gliederung ist in fast allen Studienfächern üblich. Dabei gelten folgende Richtlinien:

- Es werden arabische Ziffern verwendet.
- Jeder Hauptabschnitt wird von 1 an fortlaufend nummeriert.
- Jeder Hauptabschnitt kann Unterabschnitte haben. Gibt es nur einen Unterabschnitt, ist die Untergliederung wenig sinnvoll. Üblicherweise sollten drei, maximal vier Gliederungsebenen verwendet werden.
- Jeder Unterabschnitt kann wiederum in weitere Unterabschnitte unterteilt werden usw.
- Die Nummern der einzelnen Ebenen werden durch einen Punkt getrennt. Die letzte Teilnummer bekommt keinen Punkt.

Beispiel:

1	Einleitung
2	These
2.1	Hauptargument Nr. 1
2.1.1	Unterargument Nr. 1
2.1.2	Unterargument Nr. 2
2.1.3	Unterargument Nr. 3
2.2	Hauptargument Nr. 2
2.2.1	Unterargument Nr. 1
2.2.2	Unterargument Nr. 2
3	Schluss

Der Text unter den einzelnen Punkten kann entweder linksbündig am linken Schreibrand oder ebenfalls eingerückt unter den Kapitelüberschriften stehen.

Wer gehalten ist, sich bei einer schriftlichen Ausarbeitung genau an die DIN 1421 zu halten, sollte darauf achten, dass diese Norm verlangt, dass die Überschrift des Inhaltsverzeichnisses *nicht* – wie oft geschrieben wird – »Inhaltsverzeichnis« heißt. DIN 1421 fordert als Überschrift das Wort »Inhalt«.

Bezüglich der Dokumentteil-Überschriften auf dem Papier legt die DIN 1421 Folgendes fest:

- Die Nummerierung der Dokumentteile erfolgt dekadisch. Die Dokumentteile erhalten arabische Nummern. Die Dokumentteil-Hierarchien werden durch einen Punkt als Gliederungszeichen ausgedrückt. Kapitel erhalten also stets eine Dokumentteil-Nummer ohne Punkt. Hierarchisch tieferliegende Dokumentteile haben Punkte zwischen den Nummern der verschiedenen Hierarchiestufen. Die Unterteilung soll möglichst in der dritten Stufe enden, damit die Dokumentteil-Nummern noch übersichtlich bleiben, leicht aussprechbar und leicht im Gedächtnis zu behalten sind. Also soll eine Unterteilung z. B. von 2 über 2.1, 2.2 bis auf 2.1.1, 2.1.2 usw. erfolgen. Innerhalb einer Hierarchiestufe sollten die Zählnummern möglichst nicht größer als 9 werden. Das hilft, die Dokumentteil-Nummern übersichtlich zu halten.
- Alle Dokumentteil-Nummern im Inhaltsverzeichnis beginnen an einer gemeinsamen Fluchtlinie.
- Alle Dokumentteil-Überschriften beginnen ebenfalls an einer weiter rechts liegenden gemeinsamen Fluchtlinie. Einrückungen sind nach DIN 1421 nicht vorgesehen.
- Die Seitennummerierung beginnt stets auf der ersten Textseite. Dies ist die Seite, auf der die Kapitelnummer „1" steht.

Da in Word die automatisch nummerierten Listen ziemlich fehleranfällig sind, sollte man nicht den Button verwenden. Am besten erst die Texte der Liste schreiben und dann die Zahlen einfügen.

1 xxxxxx
2 xxxxxx
3 xxxxxx

Inhalt

Schreibrand
Fluchtlinien
Der Abstand zwischen der längsten Nummer und der Überschrift ist ein Geviert. Um die richtige Tab-Position zu finden, längste Nummer schreiben und danach 4-mal den geschützten Wortzwischenraum (°) mit den Tasten [STRG]+[⇧]+[LEERTASTE] tippen.
Auf dem Mac: [CMD]+[⇧]+[LEERTASTE]
Dieser Abstand sollte ebenfalls ein Geviert betragen.

Lassen Sie in längeren Texten Leser nicht führungslos durch die Bleiwüste laufen. Lockern Sie den Text durch Zwischentitel (Zwitis) auf. Das erhöht den Leseanreiz und ist besonders im Blocksatz zu empfehlen.

Geschickt formuliert und gut platziert lockt es den Leser, der gerade aus dem Text aussteigen wollte, zum Weiterlesen.

Besteht der Text wie hier in Spalten, ist darauf zu achten, dass die Zeilen des Fließtextes nach dem Zwiti auf gleicher Höhe stehen. Dies nennt man »registerhaltig«.

Zur Kontrolle richtet man ein Gitternetz ein, in dem die vertikalen Abstände dem eingestellten genauen Zeilenabstand (hier 13 pt) entsprechen. Das Gitternetz wird nicht mit ausgedruckt.

Den Zwiti als Absatz formatieren. Zum Beispiel Schriftgröße 14 Punkt (pt) und fett:

Zwischentitel¶

Danach im Menü Absatz (s. Seite 18) Zeilenabstand: Genau, Von:/Maß: 14 pt sowie Vor: 9 pt und Nach: 3 pt wählen. Summe = 26 pt.

Zwiti¶

In Word 2013 steht die Oberkante des Versals in gleicher Höhe wie die Versalien in der Spalte daneben, da hier der Abstand vor einem Absatz bei einem Seiten- oder Spaltenumbruch automatisch unterdrückt wird. In Word 2010 und 2007 sowie in Word für Mac 2011 muss dies separat eingerichtet werden:

Zwiti¶

2010: Datei → Optionen → Erweitert → Kompatibilitätsoptionen für: → Layoutoptionen

2007: In der Ecke links oben Schaltfläche Microsoft Office → Word-Optionen → Erweitert → Kompatibilitätsoptionen → Layoutoptionen

Word für Mac 2011: Word → Einstellungen → Ausgabe und Freigabe → Kompatibilität

Für alle Versionen: "Abstand vor" nach Seiten- oder Spaltenumbruch unterdrücken anklicken ☑

Danach aus den Formatvorlagen eine Überschrift auswählen und entsprechend anpassen.

Bei der Wiedergabe von Zahlen stellt sich immer wieder die Frage, ob die Zahl in Ziffern oder als Wort geschrieben wird.

Zunächst muss zwischen Nummer und Zahl unterschieden werden.

Nummern werden immer in Ziffern geschrieben:

Zweier-Gliederung:	2←2←2	(Zweiergruppen von rechts)
Telefon-Nr.	66‖77‖88, 6‖77‖88	
mit Zentrale	44‖55-0 oder 44‖55-00 oder 44‖55-01	
mit Durchwahl	44‖55-4‖56	
mit zwei Apparaten	44‖55-4‖56/4‖57	/ für »und«
Ortsnetzkennzahl	(0‖45‖31)	mit Klammern
Mobilfunk-Nr.	01‖72-34‖56‖78	ohne Klammern
Postfach-Nr.	12‖34‖56, 1‖23‖45	

Sondergliederungen:

	1←3←1 - 2←2←2	
Service-Tel.-Nr.	0‖180‖5-10‖11‖12	ohne Klammern
	3→3→2	
Bankleitzahl	BLZ 200‖300‖00	ohne Klammern
	4← 3← 3	
Konto-Nr.	1234‖567‖890	maximal 10 Stellen
IBAN *(International Bank Account Number)*	LLpp‖bbbb‖bbbb‖kkkk‖kkkk‖kk *LL = 2-stelliger Ländercode* *pp = 2-stellige Prüfziffer* *bb = 8-stellige Bankleitzahl* *kk = 10-stellige Kontonummer, ggf. mit Führungsnullen*	
BIC *(Business Identifier Code)*	BBBBccLLbbb *BBBB = 4-stelliger Bankcode* *cc = 2-stelliger Ländercode* *LL = 2-stelliger Ortscode* *bbb = 3-stelliger Filialcode (kann entfallen)*	ohne Gliederung

ISBN	3 - 1 - 4 - 4 - 1	mit Bindestrichen
(Internationale	978-3-8307-1427-9	13 Stellen
Standard-	*Präfix für Deutschland*	*3-stellig*
buchnummer)	*Gruppennummer*	*1-stellig*
	Verlagsnummer	*3- bis 7-stellig**
	Titelnummer	*1- bis 5-stellig**
	Prüfziffer	*1-stellig*

* Die Länge von Verlags- und Titelnummer ist abhängig von der Anzahl der herausgegebenen Buchtitel und muss insgesamt zu 13 Stellen führen.

Ohne Gliederung bleiben:

Postleitzahlen	23843
Seitenzahlen	1095
Jahreszahlen	2013

Jahreszahlen sollten im Fließtext immer vierstellig geschrieben werden. In Tabellen, Listen und Formularen kann die Jahreszahl aus Platzgründen auch zweistellig wiedergegeben werden:
08.08.13 für 8.‖August 2013

Hausnummern:	25‖b	
	71–75	mit ↑Bis-Strich
	10/12	mit ↑Schrägstrich für »und«

Rang-/Reihenfolge:	Staatsfeind‖Nr.‖1
	Nr.‖3 in der Hitliste
	das Zimmer‖5
	Nummer‖6 der Weltrangliste
	im Kapitel‖VII

Zahlen werden entweder in Ziffern oder Buchstaben geschrieben.

- Ein- oder zweisilbige Zahlen (*eins* bis *zwölf, dreizehn, neunzehn, zwanzig, hundert, tausend*) werden ausgeschrieben, sofern es sich um Zahlenangaben handelt, die nicht als exakte Werte von Bedeutung sind.
- Es existiert keine Regel, nach der alle Zahlen bis 12 auszuschreiben sind:

  Ein Empfang für hundert Gäste. Drei neue Modelle von A...
  Ein Pkw mit acht Plätzen. Benzin wurde um vier Cent teurer.
  Aber auch:
  Ein Pkw mit 8 Plätzen. Benzin wurde um 4‖Cent teurer.
- Fünf- und mehrstellige Zahlen werden von rechts nach links in Dreiergruppen mit einem Achtel (‖) gegliedert:

  10‖000, 3‖500‖450 (keine Gliederung mit Punkten)
- Vierstellige Zahlen bleiben (wie Jahreszahlen) ungegliedert, also bis zur Zahl 9999 ohne Gliederung. Vierstellige Zahlen werden nur in Tabellen gegliedert, damit Tausender und Hunderter korrekt untereinanderstehen.

Merkregel: Wo Zahlen abzulesen sind,
die Zahl in Ziffern schreiben:

Es ist 20‖Uhr. 3‖Grad Celsius (3‖°C); am 1.‖Januar;
auf Seite‖4; im Bd.‖4

- Vor ausgeschriebenen Maß- und Mengenangaben wahlweise als Zahlwort oder in Ziffern:

drei Zentimeter	fünf Gramm	vierzehn Prozent	acht Dollar
3‖Zentimeter	5‖Gramm	14‖Prozent	8‖Dollar
- Vor abgekürzten Maß- und Mengenangaben nur in Ziffern:

3‖cm	5‖g	14‖%	8‖$

•• **Nie**:

drei cm	fünf g	vier %	acht $

- Zu vergleichende Zahlen sind gleich zu schreiben:
  Dafür stimmten 23 Abgeordnete, 9 dagegen.
  (nicht: … neun dagegen.)
  Die FDP sank von 7 auf 5,5||%.
  (nicht: … von sieben auf 5,5||%.)
  Ihre zwei Söhne waren 8 und 13 Jahre alt.
  (nicht: … acht und 13 Jahre alt.)

- Zahlen, die nicht verglichen werden sollen, werden ungleich geschrieben:
  Er kaufte zwanzig Marken zu 58 und zehn Marken zu 3||Cent.

•• **Nie:** Er kaufte 20 Marken zu 58 und 10 Marken zu 3||Cent.

Merkregel: Wo Zahlen abzulesen sind,
die Zahl in Ziffern schreiben.

- Was nicht exakt gemeint ist, nicht in Ziffern schreiben:
  Dreitausend Lehrer demonstrierten. (nicht: 3000 Lehrer …)
  über tausend Gäste (nicht: über 1000 Gäste)

  Merkregel: Eine Zahl in Ziffern suggeriert,
  der Schreibende habe nachgezählt.

- Immer ausgeschrieben werden diese Zahlen:

die zwölf Apostel	(nicht: 12 Apostel)
die Zwölf Apostel	(Gebirge)
die Zehn Gebote	(nicht: 10 Gebote)
die neun Musen	(nicht: 9 Musen)
die Fünf Weisen	(nicht: 5 Weisen)
der Zweite Weltkrieg	(nicht: 2. Weltkrieg, II. Weltkrieg oder Weltkrieg II)
der Dritte Kreuzzug	(nicht: 3. Kreuzzug oder Kreuzzug 3)

- Dezimalzahlen werden vom Komma aus nach rechts in Dreiergruppen gegliedert:
  Kreiszahl π = 3,141||592||65…

•• **Nie** einen Satz oder Absatz mit einer Zahl in Ziffern beginnen.

Römische Zahlzeichen werden statt der arabischen Zahlen zur Kennzeichnung von Nummern verwendet bei:

• Abkommen	Salt‖II
• Anwaltschaften	Staatsanwaltschaft‖I oder ‖II
• Arbeitslosengeld	Alg‖I, Alg‖II
• Arbeitsprogrammen	Hartz‖I bis Hartz‖IV
• Autotypen	Golf‖VII
• Büchern	Band‖III
• Bundesgerichtshof	I.‖Zivilsenat bis XII.‖Zivilsenat
• Eigenkapitalregeln	Basel‖I, Basel‖II, Basel‖III
• Gerichten	OLG München‖I, OLG München‖II
• Kapiteln	Kapitel‖V
• Krankheiten	Diabetes Typ‖I, Diabetes Typ‖II
• Päpsten	Paul‖VI. (*lies:* Paul der Sechste)
• Qualitäten	HKl‖I, HKl‖II, I≡B-Mannschaft
• Regenten	Carl‖XVI.‖Gustaf (*lies:* Carl der Sechzehnte Gustaf) Elizabeth‖II. (*lies:* Elizabeth die Zweite) Das Schiff „Queen Mary‖2“ mit arabischer Ziffer.
• Lohnsteuerklassen	Steuerklasse‖I bis Steuerklasse‖VI
• Raketen	Pershing‖II (*lies:* Pershing Zwei)
• Grammatik	Partizip‖I oder II, Konjunktiv‖I oder II
• Zifferblättern	I bis XII, die Vier häufig als IIII statt IV

Keine römischen Zahlen setzen

- Jahrhunderte immer in arabischen Ziffern:
  16.–18. Jahrhundert, 18./19. Jahrhundert *oder* Jh.
- Weltkriege:
  nicht: Weltkrieg I oder Weltkrieg II
  besser: Erster oder Zweiter Weltkrieg
  nicht: 1. Weltkrieg oder 2. Weltkrieg

Aus diesen Ziffern setzen sich römische Zahlen zusammen
Sieben Buchstaben mit Serifen stehen für römische Ziffern:

I = 1	X = 10	C = 100	M = 1000
V = 5	L = 50	D = 500	

Folgende Ziffern-Kombinationen sind möglich

	I	II	III	IV	V	VI	VII	VIII	IX
	1	2	3	4	5	6	7	8	9
				(5–1)		(5+1)			(10–1)
X	XI	XII	XIII	XIV	XV	XVI	XVII	XVIII	XIX
10	11	12	13	14	15	16	17	18	19
				10 +(5–1)					10 +(10–1)
XX	XXX	XL	XLIV	XLIX	L	LX	LXX	LXXX	XC
20	30	40	44	49	50	60	70	80	90
		(50–10)	(50–10) +(5–1)	(50–10) +(10–1)					(100–10)
C	CC	CCC	CD	D	DC	DCC	DCCC	CM	M
100	200	300	400	500	600	700	800	900	1000
			(500–100)						

Steht ein Zeichen rechts von einem Zeichen mit höherem Wert, so wird sein Wert zu dem höheren addiert (VI = 6). Steht ein Zeichen links von einem Zeichen mit höherem Wert, wird von diesem subtrahiert (IV = 4).

Statistiken sind oft schwierig zu lesen, weil die Sprache der Statistiker so verwirrend ist.

Wenn ein Statistiker
- »Null« meint, macht er einen Strich (–);
- eine »Null« (0) schreibt, bedeutet das, dass der Wert mehr als »nichts« ist, aber weniger als die Hälfte der kleinsten in der Tabelle nachgewiesenen Einheit;
- etwas für unmöglich hält, macht er ein Kreuz (×);
- nicht weiterweiß, macht er einen Punkt (.);
- es noch nicht weiß, macht er drei Punkte (...);
- den Wert nicht für sicher hält, macht er einen Schrägstrich (/).

Die Bedeutung der Zeichen im Einzelnen

- Steht in einem Tabellenfeld eine Null, dann bedeutet dies, dass der Wert, der hier stehen sollte, kleiner ist als die Hälfte von 1 an der letzten besetzten Stelle:
  Bei der Prozentangabe eines Wahlergebnisses, die nur ganze Prozentzahlen nennt, bedeutet Null: Der Wert ist kleiner als 0,5.
  Bei Prozentangaben eines Wahlergebnisses mit einer Dezimalstelle nach dem Komma bedeutet 0,0: Der Wert ist kleiner als 0,05.

Partei ABC	34 %	Partei ABC	33,8 %
Partei XYZ	0 %	Partei XYZ	0,0 %
(d. h. weniger als 0,5 %)		*(d. h. weniger als 0,05 %)*	

- Da die Bedeutung der Null (0) somit bereits festgelegt ist, musste man sich für einen Wert, der wirklich die Größe Null hat, für ein anderes Zeichen entschieden: den ↑Gedankenstrich (–). Er steht unter den Einern.

abgegebene Stimmen	25 604	
ungültige Stimmen	–	*(d. h. keine)*

- Werden beispielsweise neben die Prozentzahlen einer Wahl zum Vergleich die Prozentzahlen der vorherigen Wahl gestellt, bei der die Partei XYZ aber nicht antrat, wird ein Kreuz (↑ Malzeichen) gesetzt.
  Es bedeutet:
  »Angabe nicht möglich« bzw. »Angabe nicht sinnvoll«.
  Das Kreuz steht ebenfalls unter den Einern:

	2009	*2005*
Partei ABC	33,8 %	34,6 %
Partei XYZ	2,3 %	×

- Wenn ein Wert, der zwar sachlich möglich ist, aber nicht mitgeteilt wurde, nicht ermittelt werden konnte oder geheimgehalten wird, kann an dieser Stelle weder eine Null noch ein Gedankenstrich stehen, weil diese bereits festgelegte Bedeutungen haben (siehe oben). Deshalb setzt der Statistiker dafür einen Punkt (**.**). Der Punkt steht unter den Einern.

	Umsätze	*Erlöse*
Firma ABC	2 150 000 €	332 500 €
Firma XYZ	1 895 500 €	.

- Wenn ein Wert zum Zeitpunkt der Erstellung der Tabelle noch nicht vorliegt, werden an seiner Stelle drei Auslassungspunkte gesetzt (**...**).

Verkehrsunfälle	*2007*	*2012*
A-Stadt	3 732	3 146
B-Stadt	10 595	...
C-Stadt	16 428	11 793

Die meisten Zeitungen folgen diesen Regeln mit einer Ausnahme: Statt der drei Punkte (**...**) wird in Wahltabellen meist ein Stern (*****) gesetzt. In der Legende wird erklärt: »Lag bei Redaktionsschluss nicht vor«.

Wo die derzeitigen Empfehlungen nach DIN 5008 mit dem Titel »Schreib- und Gestaltungsregeln für die Textverarbeitung« von den typografischen Gepflogenheiten abweichen

Typografische Konventionen	Empfehlungen nach DIN 5008
Uhrzeit In der nichtdezimalen Einheit steht zwischen Stunden und Minuten zur Trennung ein Punkt, einstellige Stunden ohne Führungsnull: Es ist 5.30 Uhr. Im amtlichen Regelwerk der deutschen Rechtschreibung ist in § 77 (3) als Trennzeichen zwischen Stunden und Minuten der Punkt zu sehen: 9.00 Uhr	**Uhrzeit** Stunden und Minuten sind mit zwei Ziffern anzugeben und mit dem Doppelpunkt zu gliedern, mit Führungsnull: Es ist 05:30 Uhr.
Zeitdauer/Zeitraum Gliederung mit Doppelpunkten zwischen Stunden, Minuten und Sekunden: Er lief 2:03:38 Std. (lies: *2 Stunden, 3 Minuten und 38 Sekunden*)	**Zeitdauer/Zeitraum** keine Angabe

Typografische Konventionen	Empfehlungen nach DIN 5008
Datum	**Datum**

- Die alphanumerischen Schreibweisen sind identisch:
  - einstellige Tagesdaten ohne Führungsnull: Monatsnamen nicht abkürzen, Jahreszahlen vierstellig: 3.‖August␣2013
    Nicht: 3.‖Aug.␣2013 oder 03.‖Aug.␣2013 oder 03.‖Aug.␣13
- Die numerische Datumsschreibweise ist ebenfalls identisch.
  - Nur in Tabellen mit Führungsnullen und ohne Abstand: 03.08.2013
  - Die DIN 5008 schreibt die internationale Schreibweise 2013-08-03 nicht mehr zwingend vor.

Typografische Konventionen	Empfehlungen nach DIN 5008
Telefonnummern*	**Telefonnummern**
Die Vorwahl in Klammern und gegliedert: (0‖45‖31)	Die Vorwahl ohne Klammern und nicht gegliedert: 04531
Die Rufnummer in Zweiergruppen gegliedert: 1‖23‖45	Die Rufnummer bleibt ohne Gliederung: 12345
Zusammengefasst: (0‖45‖31)␣1‖23‖45	Zusammengefasst: 04531␣12345
* Nach Empfehlung der ITU (International Telecommunication Union), E.123.	Die Wiedergabe mit Schrägstrich zwischen Vorwahl und Rufnummer wird von DIN 5008 nicht empfohlen.
Bei der Angabe von nationaler und internationaler Telefonnummer empfiehlt die ITU, sie in zwei Zeilen anzugeben: national: (0‖45‖31)␣1‖23‖45 internat.: +49‖45‖31␣1‖23‖45	Die Verleger von Telefonbüchern ignorieren die DIN 5008. Telefonnummern sollen leicht lesbar sein.
Mobilfunk-Nummer: Bindestrich zwischen Vorwahl und Rufnummer, gegliedert: 01‖72-3‖70‖14‖58	Mobilfunk-Nummer: Leerraum zwischen Vorwahl und Rufnummer, ungegliedert: 0172␣3701458

Wo man den »halben Festabstand« (Achtel) setzt, damit zusammenbleibt, was zusammengehört

	Beispiele
• **Gliederung** * **weiterer Zahlen**	Beispiele
○ Datum (ohne Führungsnullen) (zwischen Tag und Monat sowie zwischen Monat und Jahr ein Achtel setzen) Weitere Informationen zur Wiedergabe ↑Uhrzeit, Datum und Telefonnummern	1.‖7.‖2013
○ einfache Formeln (vor und nach Rechenzeichen Achtel, Vorzeichen ohne)	7‖–‖10‖=‖–3

* **Nicht gegliedert** werden Postleitzahlen, Jahreszahlen und vierstellige Zahlen (außer in Tabellen).

• **Verknüpfung mehrteiliger Abkürzungen** *	Beispiele
○ im Auftrag	i.‖A.
○ zum Beispiel	z.‖B.
○ außer Dienst	a.‖D.
○ eingetragener Verein	e.‖V.
○ das heißt	d.‖h.
○ mit anderen Worten	m.‖a.‖W.
○ vor oder nach Christus	v.‖Chr., n.‖Chr.

* Diese Abkürzungen, die für mehr als ein Wort stehen, sollten am Satzanfang immer ausgeschrieben werden.

• **Verknüpfung von Abkürzungen/Zahlen**	Beispiele
○ Abbildung	Abb.‖4 *
○ Seite	S.‖467‖f. *
○ Band	Bd.‖3 *
○ Nummer	Nr.‖6 *
○ Papier-Grammatur	80‖g/m²

* Diese Abkürzungen müssen am Satzanfang ausgeschrieben werden.

Verknüpfung von Name/Titel	Beispiele
○ Namensteile/Namen	St.‖Annen, St.‖Pauli
aber mit geschütztem Bindestr.:	St.≡Annen-Stift
○ abgek. Vornamen/Nachnamen	E.‖Meier, J.‖F.‖Kennedy
○ Titel und Familienname	Prof.‖Meier Prof.‖Dr.‖Meier Graf‖von‖Zitzewitz
○ Titel/Vorname/Familienname	Prof.‖Dr.‖Emil␣Meier Prof.‖Dr.‖h.‖c.‖Emil␣Meier Ernst‖Graf‖von‖Zitzewitz
○ Kombination: Titel,	Prof.‖Dr.‖E.‖Meier
abgek. Vorname/Familienname	Prof.‖Dr.‖h.‖c.‖E.‖Meier

Vor Adelstiteln wird der Vorname meistens ausgeschrieben.

Merkregel: Abgekürzte Vornamen dürfen nicht vom Familiennamen abgetrennt werden.

Merkregel: Titel dürfen nicht vom Vornamen oder vom Familiennamen abgetrennt werden.

Verknüpfung von Wortzeichen/Zahlen	Beispiele
○ Paragraf und Absatz	§‖45‖a◇Abs.‖2
○ Prozent, Promille	45‖%, 1,8‖‰
○ Et-Zeichen (nur in Firmennamen)	Schmidt‖&‖Koch
bei Zeilenumbruch & in die neue Zeile:	Schmidt␣&‖Koch
○ Pluszeichen in Firmennamen	Blohm‖+‖Voss Gruner‖+‖Jahr Kühne‖+‖Nagel
○ Gradzeichen (Geografie)	12°‖Ost
Gradzeichen (Temperatur)	−12‖°C
wenn Celsius ausgeschrieben wird:	−12°‖Celsius
○ Malzeichen	25‖×‖25‖m
○ Doppelpunkt als Verhältniszeichen	1‖:‖50‖000
in Sportergebnissen **ohne** Achtel:	3:1
○ Gegen-Strich (Sport)	HSV‖–‖St.‖Pauli
bei Zeilenumbruch:	HSV‖–␣St.‖Pauli

●	**Verknüpfung von Zahlen/Maßangaben**	Beispiele
○	Zentimeter, Millimeter	25‖cm, 250‖mm
○	Gramm, Kilogramm	5,25‖g, 2,5‖kg
○	Geschwindigkeit	100‖km/h

●	**Verknüpfung von ↑Auslassungspunkten mit dem Wort dahinter oder davor**	Beispiele
○	Wort – Auslassung	Und dann war Ruhe‖…
○	Auslassung – Wort	…‖das war es dann.

•• **Kein** Achtelgeviert, wenn Buchstaben eines Wortes ausgelassen werden: »Du A…!«

● **Verknüpfung von Zahlen mit Buchstaben**

Steht nach oder vor einem Buchstaben, der als Abkürzung für ein Wort steht, eine Zahl, so ist dazwischen ein Achtel zu setzen.

Folgt der Zahl oder dem Buchstaben ein Grundwort, wird in der Regel durchgekoppelt.

○	[Autobahn]	A‖1	A≡1-Baustelle
○	[Bundesstraße]	B‖75	B≡75-Baustelle
○	[Formel 1]	F‖1	F≡1-Rennen
○	[Staaten, Gymnasium]	G‖8	G≡8-Staaten, G≡8-Abitur
○	[Grenzschutzgruppe]	GSG‖9	GSG≡9-Aktion
○	[Unter]	U‖21	U≡21-Mannschaft
○	[Vergeltungswaffe]	V‖2	V≡2-Entwicklung
○	[Dimension, dimensional]	3‖D	3≡D-Brille

Merkregeln:	Steht vor oder nach einer Zahl ein Buchstabe für ein Wort, so ist Abstand zu halten.	Folgt ein Grundwort, dann ist durchzukoppeln.

- •• **Kein** Achtel wird beim Zusammentreffen von Zahlen/Buchstaben gesetzt, wenn der Buchstabe *nicht* für ein Wort steht:

  Bei Aneinanderreihungen einen geschützten Bindestrich setzen:

○ [DIN-Reihe]	A4	A4≡Blatt, DIN≡A4-Blatt
○ [DIN-Reihe]	B4	B4≡Umschlag
○ [V-Form]	V8	V8≡Motor
○ [Vitamin]	B2	B2≡Komplex

- **Ausnahmen beachten**

  Klasse 5‖c, Hausnummer 8‖b, §‖77‖a, Plan‖B

○ die Schüler der 5‖c	nicht: die 5-c-Schüler
○ die Bewohner von 8‖b	nicht: die 8-b-Bewohner
○ die Regeln laut §‖77‖a	nicht: die §-77-a-Regeln
○ der Plan‖B	nicht: der B-Plan

Der B≡Plan ist der Bebauungsplan.

Legende:

‖	hier »sichtbares« Achtelgeviert
␣	normaler Wortzwischenraum [LEERTASTE]
≡	geschützter Bindestrich
≋	geschützter Gedankenstrich
◇	geschützter Wortzwischenraum

So basteln Sie den halben Festabstand (Achtelgeviert)
Schreiben Sie ein beliebiges alphanumerisches Zeichen. Der Cursor steht direkt dahinter.

- Beginnen Sie die Aufzeichnung eines Makros:
  - Word 2013 und 2010:
    Ansicht → Makros → Makro aufzeichnen
  - Word für Mac 2011:
    Extras → Makro → Aufzeichnen
- Wählen Sie einen Namen für das Makro.
- Legen Sie über **Makro speichern in** fest, in welchen Dokumenten Sie das Makro künftig verwenden wollen.
- Klicken Sie auf den Button **Tastatur**, um das Makro auf einer Tastenkombination zu hinterlegen.
- Geben Sie im Feld **Neue Tastenkombination** die gewünschten Tasten ein, mit denen Sie das Makro künftig aufrufen wollen: z. B.
  [ALT]+[⇧]+[LEERTASTE] bzw.
  [CMD]+[⇧]+[LEERTASTE] auf dem Mac.
- Klicken Sie auf **Zuweisen** (in Word 2013 und in Word für Mac 2011) bzw. **Zuordnen** (in Word 2010).
- Klicken Sie auf **Schließen**.

Die Aufzeichnung des Makros beginnt.

Teil 1 des Makros

1.1 Setzen Sie mit [STRG]+[⇧]+[LEERTASTE] bzw. mit [CTRL]+[⇧]+[LEERTASTE] auf dem Mac einen *geschützten Wortzwischenraum.*
1.2 Markieren Sie diesen.
1.3 Ändern Sie die Farbe und die Skalierung:
[STRG]+[D] → **Schriftart** bzw.
[CMD]+[D] → **Schriftart** in Word für Mac 2011:
   - **Schriftfarbe** Rot auswählen.
   - Wählen Sie dann in demselben Dialogfeld **Erweitert**.
   - Überschreiben Sie im Feld **Skalieren** den vorgegebenen Wert 100 % mit 50 (das Prozentzeichen muss nicht eingegeben werden).

1.4 Das Zeichen für den halben Festabstand ist jetzt rot, schmaler und noch markiert. Es ist wie eine Absatzmarke nur auf dem Bildschirm sichtbar. Bewegen Sie den Cursor nach links oder rechts, um die Markierung aufzuheben.

Teil 2 des Makros
bewirkt, dass Sie nach dem Einfügen des halben Festabstands in der vorher gewählten Schriftfarbe und Skalierung fortfahren können:

2.1 Kopieren Sie das ursprünglich geschriebene Zeichen vor dem eingefügten halben Festabstand.
2.2 Fügen Sie es hinter dem halben Festabstand ein.
2.3 Löschen Sie das eingefügte Zeichen wieder.

- Beenden Sie die Aufzeichnung des Makros:
  - Word 2013 und 2010:
    Ansicht → Makros → Aufzeichnung beenden
  - Word für Mac 2011:
    Extras → Makro → Aufzeichnung beenden
- Der halbe Festabstand ist nun auf der von Ihnen gewählten Tastenkombination hinterlegt.

Sollten Sie den halben Festabstand in Word 2007 basteln wollen, müssen Sie Folgendes beachten:

- Um in Word 2007 ein Makro aufzeichnen zu können, müssen Sie sich zunächst das Menü **Entwicklertools** anzeigen lassen:
  - Klicken Sie auf die **Microsoft Office Schaltfläche** (links oben in der Ecke).
  - Wählen Sie **Word-Optionen → Häufig verwendet → Wichtigste Optionen für das Arbeiten mit Word:**
  - Aktivieren Sie **Entwicklerregisterkarte in Multifunktionsleiste anzeigen**
  - Jetzt können Sie die Aufzeichnung des Makros starten: **Entwicklertools → Code → Makro aufzeichnen**

Tastenkombinationen

Das Einfügen eines Sonderzeichens mit der Maus ist umständlicher als das Einfügen mit einer Tastenkombination. Deshalb sollte man einige Zeichen, die häufiger gebraucht werden, auf eine Tastenkombination legen.

- Folgende Zeichen, die in Word auf Tasten fehlen, sollten Sie unbedingt einer Tastenkombination zuordnen.

Beispiele:	Vorschlag:
○ **G**edankenstrich:	[ALT]+[G] .... –
○ Malzeichen (sieht aus wie **x**):	[ALT]+[X] .... ×
○ **M**inuszeichen:	[ALT]+[M] .... −
○ Mitte**p**unkt:	[ALT]+[P] .... ·
○ Aufzählungs**p**unkt:	[STRG]+[ALT]+[P] .... ●
○ halbe deutsche Anführung:	[STRG]+[ALT]+[#] .... ‚
○ halbe deutsche Abführung:	[STRG]+[ALT]+[⇧]+[#] ..... ‘
○ öffnender Guillemet:	[ALT]+[J] .... »
○ schließender Guillemet:	[ALT]+[K] .... «

« sieht aus wie der rechte Teil des Buchstabens **K.**
Der öffnende Guillemet liegt gleich links daneben.

Sollten die gewählten Tastenkombinationen bereits von Word durch einen Menü-Aufruf belegt sein, kann statt der Taste [ALT] die Tastenkombination [ALTGR]+[STRG]+[⇧]+[BUCHSTABE] (bzw. [CTRL]+[CMD]+[⇧]+[BUCHSTABE] auf dem Mac) verwendet werden.

Der Trennstrich zeigt am Zeilenende die Worttrennung an, die folgenden *allgemeinen Regeln* unterliegt:

- Einfache Wörter werden nach Sprechsilben getrennt. Beispiele: Zim-mer, fal-len
- Ein einfacher Konsonantenbuchstabe kommt auf die folgende Zeile.
- Von zwei oder mehreren Konsonantenbuchstaben kommt der letzte auf die folgende Zeile.
  Aber *ck, ch, sch* sowie in Fremdwörtern auch *sh, ph, th, rh* und *gh* bleiben ungetrennt.
- In Fremdwörtern können einige Buchstabengruppen zusammenbleiben (*gn*, Verschluss- oder Reibelaut mit *r* oder *l*). Beispiele: Ma-gnet, Qua-drat
- Ein einzelner Vokal am Wortanfang wird nicht abgetrennt. Beispiele: Ader, Igel, Ekel, oben, Übel (alle untrennbar)
- Wörter mit Suffixen (Nachsilben) werden wie einfache Wörter behandelt. Beispiel: Pflan-zung
- Zusammensetzungen werden in ihre Teile zerlegt. Beispiel: Zimmer-pflanze, Haus-tür
- Präfixe (Vorsilben) werden wie Bestandteile von Zusammensetzungen behandelt. Beispiel: be-pflan-zen
- Wörter mit Bindestrich sollten ausschließlich am Bindestrich getrennt werden. Ein Zeilenumbruch in unmittelbarer Nähe des Bindestrichs wirkt irritierend.
- Komposita mit den Fugenelementen *s* oder *n* dürfen nie mit Bindestrich geschrieben werden.

Zu berücksichtigen sind auch *typografische Trennregeln*. Sie sind genauso wichtig wie Zeichensetzungs- und Rechtschreibregeln.

- Silben von zwei Buchstaben am Anfang oder Ende eines Wortes nicht abtrennen. Nicht: je-denfalls, ma-ximal, ek-lig, et-wa, Punk-te, außer es handelt sich um ein Präfix oder ein selbstständiges Wort wie er-fassen, Oster-ei. Untrennbar bleiben: ruhig, Augen, Reihe
- Es sollen nicht mehr als drei Trennungen aufeinanderfolgen.
- Mehrsilbige Abkürzungen in Großbuchstaben oder in gemischter Schreibweise werden nicht getrennt.
  Beispiele: Nato (nicht: Na-to), Unesco (nicht: Unes-co), Unicef (nicht: Uni-cef)
- Fehllesungen sind zu vermeiden.
  Beispiele: Mikro-kosmos (nicht: Mikrokos-mos), Groß-kraftwerk (nicht: Großkraft-werk), Ur-insekt (nicht: Urin-sekt), Auto-rennen (nicht: Autoren-nen)
- Mehrteilige Abkürzungen nicht auseinanderreißen.
  Beispiele: z.‖B., d.‖h., u.‖U., m.‖E.
- Abgekürzte Vornamen und Titel nicht vom Rest trennen.
  Beispiele: H.‖R.‖Burckhard, Dr.‖Friedhelm
- Ziffern in Ordnungszahlen nicht loslösen. Beispiele:
  15.‖August (nicht: 15.␣August),
  Benedikt‖XVI. (nicht: Benedikt␣XVI.)
- Verbindungen von Ziffern mit Abkürzungen oder Sonderzeichen ebenfalls nicht trennen.
  Beispiele: 15‖cm (nicht: 15␣cm), §‖17‖BGB
- Striche mit der Bedeutung »bis« oder »gegen« dürfen nicht am Zeilenende und nicht am Zeilenanfang stehen wie: 3–
  5 Stück. Dann nur: 3 bis 5 Stück oder komplett in die neue Zeile: 3–5 Stück
  Ebenso nicht am Zeilenende trennen: das Spiel der GC –
  Young Boys. Nur: das Spiel der GC – Young Boys

Generell gilt – egal, ob auf einem Artikelausdruck oder auf der Seite gelesen wird:

- Alle Korrekturen rot anzeichnen. Bei mehr als einer Textspalte für jede Spalte eine eigene Farbe verwenden.
- Wort für Wort, Satzzeichen für Satzzeichen lesen. Ein guter Korrektor findet (fast) alle Fehler, weiß aber am Schluss nicht unbedingt, was im Artikel steht.
  Jeden Absatz einzeln abhaken.
- Überschriften Buchstabe für Buchstabe lesen.
  Je größer die Schrift, desto größer die Gefahr, dass Fehler überlesen werden. *Jede Zeile einzeln abhaken.*
- Stimmt der Autorenname? *Abhaken.*
  Nachsehen, ob am Ende des Textes noch ein Autorenkürzel steht. Entweder Autorenname oder Kürzel – nie beides.
- Stimmt das Autorenkürzel? *Abhaken.*
  Kürzel am Textende in Klammern in Kleinbuchstaben. Das Kürzel darf nie allein in der letzten Zeile stehen.
- Stimmt der Ortsname?
  Diese Falschschreibungen nehmen Leser besonders übel.
- Stimmt der Straßenname?
  Auch diese Falschschreibungen nehmen Leser immer übel.
- Namen im Text zum leichteren Wiederfinden andersfarbig unterstreichen. Taucht der Name im Text nochmals auf, mit der ersten Schreibweise vergleichen. Namen in Bildunterschriften mit Namen im Text vergleichen.
- Abkürzungen in Klammern stehen nach dem Langnamen nur, wenn die Abkürzung nochmals im Text auftaucht.
- Zahlen auf ihre Plausibilität prüfen:
  - Null zu viel, Null zu wenig? – Komma verrutscht?
  - Zahlen als Ergebnis einer Rechenoperation nachrechnen.
  - Währungsumrechnungen mit aktuellem Kurs selbst ausrechnen.
- Im Text auf „Redigierreste“ achten: doppelte Wörter, insbesondere Verben, falsche Kommasetzung usw.

Wird auf der fertigen Seite Korrektur gelesen,
dann sind folgende Seitenelemente zu kontrollieren:

- Kolumnentitel am Kopf der Seite
  - Ist der Kolumnentitel (Versalien?) fehlerfrei?
  - Stimmen Seitenzahl und Datum?
  - Stehen Seitenzahl und Datum an der richtigen Stelle?

  Jedes einzelne Element abhaken.
- Bildunterschriften (BU)
  - Hat die BU ausreichend Abstand zum Foto?
  - Steht die BU mit einer oder mehreren Zeilen im Foto?
  - Hat die BU die gleiche Breite wie das Foto?
  - Namen in der BU mit Schreibweise im Text vergleichen.
  - Hat die BU einen Fotohinweis am Zeilenende?

  Jede BU einzeln abhaken.
- Absätze mit und ohne Einzug
  - Sollen alle Absätze mit Einzug oder stumpf beginnen?
  - Mit Einzug: Sind die Einzüge aller Absätze gleich groß?
  - Ohne Einzug: Beginnen alle Absätze stumpf?
  - Absatzeinzug nach Zwischenzeile vorhanden?
  - „Hurenkinder“ und „Schusterjungen“ anzeichnen.
- Worttrennung
  - An den Zeilenenden die Worttrennungen kontrollieren.

  Typografische Trennregeln beachten:
  - Silben von zwei Buchstaben am Anfang und Ende eines Wortes nicht abtrennen – es sei denn, es handelt sich um eine Vorsilbe oder um einen selbstständigen Wortteil (er-fassen, Ei-gelb, Oster-ei).
  - Möglichst nur nach Wortteilen (in der Wortfuge) trennen.
  - Teile von Koppelwörtern nicht noch zusätzlich trennen.
  - Nie mehr als drei Worttrennungen untereinander.
  - Mehrsilbige Abkürzungen nicht trennen.
    Nicht: Unes-co, Uni-cef, Na-to.
  - In Überschriften und Zwischenzeilen dürfen Wörter *nie* getrennt und Wörter mit Bindestrichen nicht auseinandergerissen werden.

Hauptregel

Jedes im Manuskript oder in der Satzfahne farbig eingezeichnete Korrekturzeichen ist auf dem rechten Rand zu wiederholen.
Die erforderliche Änderung ist rechts neben das wiederholte Korrekturzeichen zu zeichnen.

Falsche Buchstaben und Satzzeichen

werden angestrichen und auf dem Rond | a
durch die richtigen Buchstaben ersetzt.
Kammen in oiner Zeele mehrere Fohler |o ⌈e ⌊i ⌉e
vor, dann erhalten sie ihrer Reihenfolge nach verschiedene Zeichen ;   ⊥ . ((Punkt))
Für ein und denselben falschen Buchstaben in einer Zeile wird immer nur
ein Korrekturzeichen verwendet, das
euf dem Rond mehrfoch vor den | | |a
richtigen Buchstaben gesetzt wird.

Fehlende Buchstaben oder Satzzeichen

werden angezeichnet, indem der
vorangehnde oder folgende uchstabe | he ⌊Bu
durchgestrichen und zusammen mit
dem fehlenden Buchstaben oder Satzzeichen wiederholt wird   ⌈d.
Felen in eer Zeile mehrer uchstaben oder | eh ⌈in ⌋re ⌊Bu
Satzzeichen dann erhalten sie in ihrer   ⌉n,
Reihenfolge verschiedene Fähnchen
bzw. Zeichen.

Fehlende Wortzwischenräume

werden durch das Zeichen Z angezeigtund   Z
auf dem Rand wiederholt.

Fehlende Wörter
werden der Lücke durch ein Winkelzeichen kenntlich gemacht und auf dem Rand angegeben: in
Fehlen einer mehrere, so werden sie durch unterschiedliche Fähnchen kenntlich gemacht und auf dem Rand mit der Angabe der fehlenden Wörter wiederholt. Fehlende Wörter nannten die Setzer »Leichen«. in Zeile Wörter

Falsch geschriebene Wörter,
die so verstümmelt sind, dass eine Korrektur der einzelnen falschen oder fehlenden Buchstaben unübersichtlich würde, werden einfach goz oder silbenweise durchgeumnchen. Auf dem rechten Rand wird die richtige Schreibweise des Wortes oder der Silbe neben das Korrekturzeichen gesetzt. ganz stri
Falsch geschriebene Wörter, die sich durch Worttrennung über zwei Zeilen erstrecken, korrigiert man, indem man das Koffektaur-feichen teilt und auf dem Rand die richtige Sekroibwaine wiedergibt. Korrekturzeichen Schreibweise

Überflüssige Wörter
werden durchgestrichen und auf auf dem Rand mit dem Deleatur-Zeichen versehen. Deleatur (lat.): »Es werde getilgt.«

Überflüssige Buchstaben oder Satzzeichen
werden durchgesstrichen und auff dem Rand, durch das Deleatur-Zeichen angezeichnet.

Falsche Striche

werden zusätzlich zum Anstrich mit einem Vermerk in Doppelklammern versehen:
eine Temperatur von -3 °C — ((Minus))
die Bahntrasse Darmstadt-Mannheim — ((Ged.Str.))
Der Flughafen Köln-Bonn ist gesperrt. — / ((Schr.Str.))
Sie tagen in Frankfurt/Main. — t am M

Überflüssige Bindestriche

werden ebenfalls mit dem Deleatur-Zeichen versehen.
Wird nach der Streichung eines Bindestrichs die Schreibung unklar, dann wird zusätzlich zum Tilgungszeichen ein Doppelbogen für die Zusammen-schreibung und für die getrennte-Schreibung ein Z (für Zwischenraum) geschrieben.

Verstellte oder falsche Buchstaben

werden durchgesrtichen und auf dem Radn in der richtigen Reihenfolge angegeben; ebenso falsche Buchstaben wie in Fussball. — tr — nd — ß

Fehlende Bindestriche

werden mit den gleichen Zeichen versehen und auf dem Rand eingefügt wie in Goethe Universität, ThyssenKrupp, St. Annen-Stift, der 5 Jährige. — e-U — n-K — t.=A — 5=J ((= gesch. Bindestr.))

Zwei verstellte Wörter

werden mit dem Korrekturzeichen in die Reihenfolge richtige gebracht.

Falsche Trennungen

werden am Zeilenende und am folgend-
en Zeilenanfang angezeichnet.

de

Fehlende Zeilen

werden im Fließtext nicht ergänzt. Sie
Anfangsstrichen gekennzeichnet.

Verstellte oder falsche Zahlen und Nummern

sind immer ganz durchzustreichen und in der richtigen Ziffernfolge auf den Rand zu schreiben, zum Beispiel:

Die Firma wurde im Jahr 1989 gegründet. 1998

Das Stück Pizza kostet 25 Euro. 2,50

Unglaubwürdige Zahlen

werden mit einer blauen Wellenlinie versehen als Signal an den Autor, die Zahl nochmals zu prüfen. Ebenso werden Textstellen markiert, die als unlogisch erscheinen:

Die Klasse hat mehr als 200 Schüler.

Der neue Papst heißt Franziskus II.

Ostern fällt dieses Jahr in den Juli.

Falsche Indizes und Exponenten

werden mit einem Omega-ähnlichen Zeichen versehen:

Er achtet auf den CO2-Ausstoß.

Er ließ sich 2 m3 Sand liefern.

Irrtümlich Angestrichenes

wird unterpunktiert. Die Korrektur auf dem Rand ist durchzustreichen.

Die folgenden Korrekturzeichen werden hauptsächlich für optische Korrekturen eingesetzt:

Fehlende Wortzwischenräume
werden durch das Zeichen angezeigt.

Falsche Wortzwischenräume
werden durch einen Doppelbogen gekenn zeichnet.

Zu geringe Wortzwischenräume
werden durch diesen Pfeil markiert.

Zu große Wortzwischenräume
werden durch einen nach oben gerichteten Pfeil markiert. Bei Maßangaben wie z. B. »50 kg« kommt noch eine Angabe über den Abstand hinzu.

Fehlende Absatzeinzüge
werden mit dem Zeichen am Anfang des Absatzes gekennzeichnet.

Zu tilgende Absatzeinzüge
werden mit dem Zeichen am Anfang des Absatzes gekennzeichnet, damit der Absatz stumpf beginnt.

Neue Absätze
werden mit dem Zeichen markiert und auf dem Rand wiederholt. Hier beginnt ein neuer Absatz.

Fälschlich gesetzte Absätze
werden durch einen Bogen angehängt.
Dieser Text gehört zum Absatz davor.

Falsch positionierte Überschriften
werden durch folgende Zeichen korrigiert:
[**Diese Überschrift soll auf Mitte stehen**]

Die folgende Zeile soll linksbündig stehen:
]***Diese Überschrift nach links***

Kursiv zu setzende Wörter
sind mit einer Wellenlinie zu versehen. —— ((kursiv))

Fett zu setzende Wörter
sind mit diesem Zeichen zu markieren. └── ((fett))

Einen Punkt auf Mitte
kennzeichnet man z. B. in einer Formel
durch Striche über und unter dem Punkt:
2 × 3 = 6

Zu große Zeilenabstände

werden mit einem Pfeil gekennzeichnet,
dessen Spitze nach außen zeigt.

Zu geringe Zeilenabstände
werden mit einem Pfeil gekennzeichnet,
dessen Spitze nach innen zeigt.

Anmerkungen zu Korrekturen
werden in ((Doppelklammern)) gesetzt.
Das bedeutet, dass diese Anmerkungen
nicht gesetzt werden sollen.

Schlussbemerkung
Haken Sie jede erledigte Korrektur auf dem Rand des Textes in einer anderen Farbe ab. Dann behalten Sie die Übersicht.
Übrigens: Eine fehlerfreie Seite nannten die Setzer »Jungfrau«.

In der Typografie wimmelt es von Fachbegriffen. Lassen Sie sich einige Begriffe des »Setzerlateins« erklären, die in der Mikrotypografie immer wieder auftauchen.

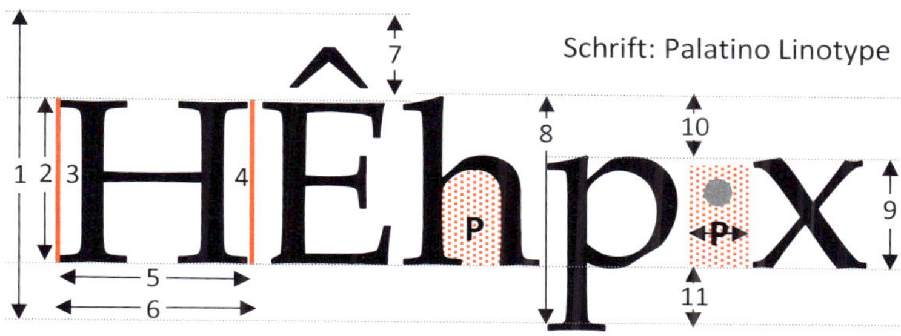

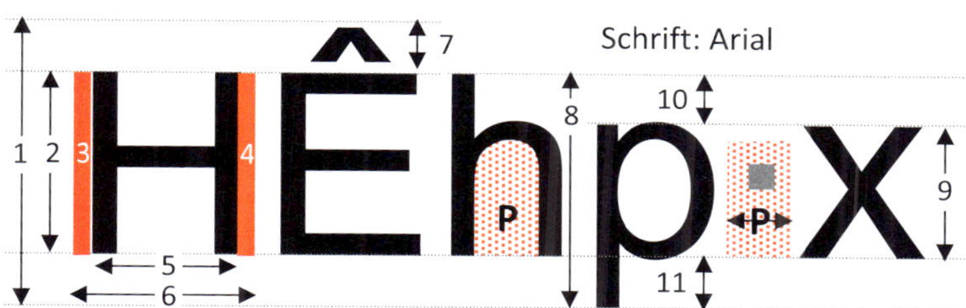

Legende

1 Vertikaler Platzbedarf einer Schrift, wenn der Zeilenabstand auf »Einfach« eingestellt wird
2 Versalhöhe (etwa ⅔ der Schriftgröße)
3 Vorbreite (Fleisch)
4 Nachbreite (Fleisch)
5 Buchstabenbreite
6 Dickte (Buchstabenbreite plus Vor- und Nachbreite)
7 Akzentraum
8 hp-Höhe
9 Mittellängenhöhe, x-Höhe (etwa ⅔ der Versalhöhe)
10 Oberlänge
11 Unterlänge

P = Punze. Sie bestimmt die Breite des Wortzwischenraums:

Antiquaschrift
Sammelbezeichnung für Serifenschriften

Bleiwüste
nannten Setzer überladene Textseiten ohne Struktur oder Gliederung, die nicht zum Lesen einladen. Auch in der bleifreien Zeit ist dies für solche Textungetüme noch der passende Begriff.

Dickte
Breite eines Buchstabens oder einer Zahl einschließlich der Vor- und Nachbreite. Der Begriff stammt noch aus dem Bleisatz.

Divis
So nannten Setzer den Viertelgeviertstrich, der als Binde- und als Trennstrich gesetzt wurde. Word verfügt über drei Striche mit unterschiedlichen Funktionen: den normalen Bindestrich, den geschützten Bindestrich und den Trennstrich.

Duktus
Strichstärke der Schrift

Durchschuss
nennt man den leeren Raum zwischen den Unterlängen der oberen Zeile und den Oberlängen der unteren Zeile.
Rechnerisch: Zeilenabstand minus Schriftgröße

Fußkuss
nennt man das Zusammenstoßen einer Unterlänge mit der Oberlänge oder dem Akzent eines Großbuchstabens der nächsten Zeile. Meist das unschöne Ergebnis eines zu klein gewählten Zeilenabstands.

Gemeine
sind die Kleinbuchstaben des Alphabets. Sie werden auch Minuskeln genannt.

Geviert
ist ein relatives Maß, dessen Breite (und Höhe) von der gewählten Schriftgröße abhängt. Ein volles Geviert in der 12 pt großen Schrift ist 12 pt breit, ein Halbgeviert ist 6 pt und ein Viertelgeviert ist 3 pt breit.
Eine Tabellenziffer ist so breit wie ein Halbgeviert.

Graupo
: Kurzform für »Graupositiv«. Schwarze Schrift auf grauem Grund

Großbuchstaben
: werden auch Versalien oder Majuskeln genannt.

Groteskschrift
: Sammelbezeichnung für Schriften ohne Serifen. Oft auch als »Sans Serif« bezeichnet.

Guillemets
: sind die Anführungszeichen, die in »Pfeilspitzenform« zum Wort zeigen. Im Französischen und in der Schweiz zeigen die Spitzen vom Wort weg.

Halbgeviertstrich
: neutrale Bezeichnung für den Gedankenstrich, den Streckenstrich, den Bis-Strich und den Gegen-Strich

Hängender Einzug
: Eine Absatzform, bei der die erste Zeile linksbündig steht und die folgenden Zeilen um einen bestimmten, gleichen Wert eingezogen sind. Dies wird auch als »Ausrückung« bezeichnet. Er ist eine gute Möglichkeit für Aufzählungen.

Hochzeit
: ein doppelt gesetztes Wort oder eine doppelt gesetzte Zeile

Hurenkind
: Die letzte Zeile eines Absatzes, die am Anfang einer neuen Seite oder Spalte steht. Sie wird auch »Witwe« genannt.

Impressum
: vorgeschriebene Auflistung der Verantwortlichen für Druck und Inhalt von Zeitungen, Zeitschriften und Werken

Initial
: Ein Schmuckbuchstabe (Versalbuchstabe) am Anfang eines Buchkapitels oder am Beginn eines Absatzes. Heute nur noch sinnvoll vor dem ersten Absatz eines Textes, wenn der Text nicht direkt unter der Überschrift beginnt.

Jungfrau
: nannten Setzer eine Seite, die ganz ohne Fehler war. In vielen Setzereien war danach ein Kasten Bier fällig, die der Autor oder Produktionsredakteur spendieren musste.

Kapitälchen
sind Versalien auf Mittellängenhöhe. Ihr Duktus ist der Strichstärke der Gemeinen angepasst.

Kerning
englischer Begriff für Unterschneidung

Kompress
nennt man einen Satz, bei dem der Zeilenabstand der gewählten Schriftgröße entspricht. Er hat keinen Durchschuss.

Kleinerer Wortzwischenraum
So nennt der Duden den Abstand, der zur Gliederung von Zahlen, zwischen Zahlen und Maßangaben sowie zwischen Zahlen und Wort- und Sonderzeichen gesetzt wird. Es ist das Achtelgeviert gemeint.

Laufweite
ist der Abstand zwischen den Buchstaben.

Leiche
nannten Setzer ein fehlendes Wort im Text.

Ligatur
Verbindung von zwei Buchstaben

Majuskeln
Großbuchstaben, Versalien

Minuskeln
Kleinbuchstaben, Gemeine

Minuskelziffern
haben wie die Kleinbuchstaben Ober- und Unterlängen sowie unterschiedliche Breiten: 1 2 3 4 5 6 7 8 9 0
Sie werden auch Mediävalziffern, Bastardenziffern und Gemeine Ziffern genannt.

Negativ
Das Positionieren von weißem Text auf einem schwarzen oder dunklen Hintergrund zur Hervorhebung. Meist für Rubrikentitel verwendet. Hierbei sind kleine Serifenschriften oft schlecht lesbar – auch wenn sie fett gestellt sind. Besser sind ausgeglichene Versalien.

Normalziffern
siehe Tabellenziffern

Pagina
Seitenzahl eines Buches, einer Zeitschrift oder einer Broschüre. Linke Seiten werden mit geraden und rechte Seiten mit ungeraden Zahlen versehen.

Punze
So heißen die Innenräume der Buchstaben. Man unterscheidet geschlossene Punzen wie beim »o« und beim »p« und offene Punzen wie beim »n«. Die Punze des kleinen »n« bestimmt die Breite des Wortabstands.

Schriftgrundlinie
Unterkante der Versalien und Mittellängen

Schusterjunge
Die erste Zeile eines neuen Absatzes, die am Ende einer Seite oder Spalte steht. Sie wird auch »Waisenkind« genannt.

Serifen
Der Begriff »Serife« steht für das Wort »Füßchen«. Deshalb bezeichnet man eine Schrift mit »Füßchen« – also Linien, die einen Buchstaben quer zur Grundrichtung abschließen – als Serifenschrift, auch Antiquaschrift genannt.

Spacing
englischer Begriff für die Vergrößerung der Laufweite

Spationieren
ist die Erweiterung der Laufweite einer Schrift. Der Begriff kommt vom Wort »Spatium« (lat. Zwischenraum). In der Bleizeit wurden Spatien zwischen die Buchstaben gesteckt, um den Abstand insbesondere bei den Versalien zu erhöhen.

Spiegelstrich
So wird der Gedankenstrich bezeichnet, der vor den Zeilen einer vertikalen Aufzählung steht. In der Schreibmaschinenzeit war dies die einzige Möglichkeit, eine Aufzählung zu kennzeichnen. Heute nimmt man dafür die Aufzählungspunkte.

Tabellenziffern
sind so breit wie ein Halbgeviert, auch Versalziffern oder Normalziffern genannt: 1 2 3 4 5 6 7 8 9 0

Trema
Akzent als horizontaler Doppelpunkt »¨«
(griech. Trennpunkte)

Unterschneidung
Verringerung des Abstands von Buchstabenpaaren, die zu weit auseinanderstehen, wie z. B. A V, T e, W o
Word bietet die Möglichkeit der Unterschneidung an. Das Schriftbild wirkt dann harmonischer: AV, Te, Wo

Versalhöhe
Oberlänge, gemessen von der Schriftgrundlinie bis zur Oberkante des Versalbuchstabens »H«

Versalien
Großbuchstaben, Majuskeln

Versalziffern
siehe Tabellenziffern

Viertelgeviertstrich
neutrale Bezeichnung für den Bindestrich, den Trennstrich und den Ergänzungsstrich

Wortzwischenraum (WZR)
ist normalerweise so breit wie die Punzenweite eines »n«. Das ist etwa ein Viertelgeviert.

Zeilenabstand (ZAB)
ist der Abstand von der Schriftgrundlinie bis zur Schriftgrundlinie der folgenden Zeile. Der sinnvolle Zeilenabstand beträgt etwa 125 % der gewählten Schriftgröße. Bei sehr langen Zeilen kann er bis zu 140 % betragen.

Zeilenfall
Darunter versteht man die Anordnung der Wörter in der Zeile und die Anordnung der Zeilen, z. B. Flattersatz.

Zirkumflex
Akzent »ˆ« über Buchstaben. Der Begriff kommt vom Wort »circumflexus« (lat. umgebogen).

Zwischenschlag
Abstand zwischen zwei Spalten. Er sollte so groß sein wie der für die Schrift gewählte Zeilenabstand.

Die folgenden Regeln sollte man auch im Schlaf aufsagen können:

- Der Gedankenstrich ist länger als der Bindestrich. Seite 13
- Der Minusstrich steht höher als der Gedankenstrich. Seite 13
- Steht ein Buchstabe für ein Wort, wird durchgekoppelt, wenn der Zahl ein Grundwort folgt. Seite 23
- Zeit**p**unkt mit **P**unkt – Zeit**d**auer mit **D**oppelpunkt Seite 35
- Wo Zahlen abzulesen sind, die Zahl in Ziffern schreiben. Seiten 64/65
- Eine Zahl in Ziffern suggeriert, der Schreibende habe nachgezählt. Seite 65
- Abgekürzte Vornamen nicht vom Familiennamen abtrennen. Seite 73
- Titel nicht vom Vornamen oder vom Familiennamen abtrennen. Seite 73
- Steht vor oder nach einer Zahl ein Buchstabe für ein Wort, so ist Abstand (Achtel) zu halten. Seite 74

So ist's richtig!
Die »Merkblätter für Rechtschreibung im deutschen, französischen, italienischen [und] englischen Satz« wurden zusammengestellt von Georg Gubler. Die 5. Auflage erschien 1978 im Selbstverlag. Erich Gülland in Dielsdorf (Schweiz) führt die Merkblätter weiter.

Vademecum
wurde für die »Redaktoren, Korrespondenten und Mitarbeiter« der *Neuen Zürcher Zeitung* 1971 vom Chefkorrektor Walter Heuer herausgebracht und von seinem Nachfolger Stephan Dové weitergeführt. Inzwischen gibt es die 13. Auflage.

Richtiges Deutsch
Die »Vollständige Grammatik und Rechtschreiblehre« wurde ebenfalls von Walter Heuer herausgegeben und von Max Flückiger, Chefkorrektor der NZZ (1974–1983), und Professor Peter Gallmann weitergeführt. Die 30. Auflage erschien Anfang 2013 im NZZ-Verlag, Zürich.

Der große Duden
des »VEB Bibliographisches Institut Leipzig« enthält in seiner sechsten Auflage von 1990 ein Kapitel mit wertvollen Hinweisen zu den immer noch gültigen »Vorschriften für den Schriftsatz«.

Wörterbuch der Sprachschwierigkeiten
behandelt »Zweifelsfälle, Normen und Varianten im gegenwärtigen deutschen Sprachgebrauch«. Es erschien 1989 in 3. Auflage im »VEB Bibliographisches Institut Leipzig«. Die typografischen Angaben sind immer noch gültig.

Richtlinien für den Satz fremder Sprachen
Ein Standardwerk von Alfred Alisch. Es erschien 1971 in Itzehoe und enthält satztechnische Besonderheiten von 37 Sprachen.

Die Praxis des Korrekturlesens
erschien zwar schon in seiner 2. verbesserten Auflage 1962 von Werner Kreutzmann im »VEB Verlag für Buch- und Bibliothekswesen« in Leipzig. Es gibt und gab im Westen nichts Vergleichbares.

Technische Grundlagen zur Satzherstellung
Das Buch von Hans Rudolf Bosshard ist ein Standardwerk für die Branche. Es wurde 1980 vom »Bildungsverband Schweizerischer Typografen« (BST) herausgegeben.

Mut zur Typographie
Der »Kurs für Desktop-Publishing« von Jürgen Gulbins und Christine Kahrmann erschien in 2. Auflage 2000 im Springer-Verlag, Berlin, Heidelberg.

Statistik
Aufklärung über die Verwendung von Zeichen in Tabellen gibt es in Band 15 der Schriftenreihe des Statistischen Bundesamtes (2. Aufl. 2010) in der Übersicht 6 auf Seite 64.

Der Mensch und seine Zeichen
von Schriftgestalter Adrian Frutiger. Das Buch erschien 2013 in 3. Auflage. Es behandelt »Schriften, Symbole, Signets, Signale« aus historischer Sicht.

Unicode
Alle Buchstaben der Welt mit/ohne Akzente(n), Zahlen und Zeichen findet man im Internet unter:
www.unicode.org/charts/lastresort.html

Einige Werke
sind nur noch im Antiquariat zu erwerben.
Ansonsten hilft Ihre Bibliothek mit der Fernleihe weiter.

Franz W. Kuck
erlebte die gute alte Bleizeit gleich zweimal. Zuerst an der Schreibmaschine in der Wirtschaftsoberschule in Bremen und später während des Zeitungsvolontariats in der Mettage in Hamburg.
An der Schreibmaschine mussten die Typenhebel aus Blei im Takt eines Metronoms auf das Farbband schlagen und auf dem eingespannten Papier ihre Buchstaben hinterlassen. Es war ein wahres Blei-Konzert. Geriet jemand in der Klasse außer Takt, musste er bis zur nächsten Zeile aussetzen, was Abzüge in der Benotung nach sich zog. Eine strenge Regel. Außerdem waren die »Regeln für Maschinenschreiben«, die DIN 5008, zu beachten: Wo die Zeilen eines Briefes stehen und wie man mit dem »Mittestrich« den kurzen Bindestrich, den Gedankenstrich, den Streckenstrich und den Bis-Strich zu tippen hatte.
In der zweiten Bleizeit während des Volontariats lernte er dann, dass in der Satztechnik ganz andere Regeln für die waagerechten Striche gelten. Regeln, die schon seit Jahrhunderten so befolgt werden.
Als er dann im Jahr 1985 Chef vom Dienst der Frankfurter Neuen Presse wurde, war seine erste Aufgabe, die Bleizeit der Zeitung zu beenden und die Redakteure zu schulen, wie man an den Bildschirmen des neuen Redaktionssystems arbeitet. Jahr für Jahr konnte er danach den Volontären beibringen, wie in der Satztechnik zu schreiben ist. Die diesem Buch beigefügten Übungsbogen mussten fehlerfrei abgeliefert werden.
Seitdem er Rentner ist, kämpft er dafür, dass die Regeln der Satztechnik auch in DIN 5008 berücksichtigt werden. Eine dreieinhalbstündige Einrede im Haus der Normen in Berlin führte 2009 nur halbwegs zum erhofften Ergebnis.
Nach wie vor ist er der Meinung: Wer an seinem PC mit den Schriften der Satztechnik schreibt, sollte auch die Regeln der Satztechnik beherrschen und befolgen.

Christian Stang
wurde 1975 in Regensburg geboren. Er beschäftigt sich seit seinem zehnten Lebensjahr mit der deutschen Sprache. Als er mit 18 Jahren einen Verlag auf eine Reihe von Fehlern in einem Rechtschreibratgeber hinwies, bot ihm der Verlag an, doch selbst ein Regelwerk zu schreiben.
Inzwischen ist er anerkannter Experte auf dem Gebiet der deutschen Orthografie und deren Geschichte. Als Autor und Lektor ist er unter anderem für die Verlage Duden, Hueber und Langenscheidt tätig. Mittlerweile stammen mehr als 20 Rechtschreibbücher aus seiner Feder.
Für seine Verdienste um die Pflege und den Erhalt der deutschen Sprache wurden ihm 2008 der Kulturförderpreis der Stadt Regensburg und 2011 die Verdienstmedaille des Verdienstordens der Bundesrepublik Deutschland zuerkannt.
Im gleichen Jahr konnte er nach einer 20-jährigen Tätigkeit bei der Deutschen Post AG fürs Erste sein Hobby zum Beruf machen: Seit dieser Zeit ist er in der Orthografie- und Normberatungsstelle am Zentrum für Sprache und Kommunikation der Universität Regensburg tätig. Dort steht er sowohl den Studierenden als auch den Mitarbeiterinnen und Mitarbeitern bei der Klärung orthografischer Zweifelsfälle oder bei der Gestaltung von Schriftstücken mit Rat und Tat zur Seite.
Auch für das in Regensburg ansässige »Institut Papst Benedikt XVI.«, das die Schriften des inzwischen emeritierten Kirchenoberhaupts herausgibt, löst er sprachliche Spitzfindigkeiten.

Ein herzliches Dankeschön

Die Autoren danken Frau Kirstin Diemer für ihre Hilfe beim Korrekturlesen, die freundlichen Hinweise zu dieser Veröffentlichung sowie für die Überarbeitung und Aktualisierung des Achtel-Makros für die Word-Versionen 2007, 2010 und 2013, die sie zusammen mit ihrem Sohn Jonas (12) erarbeitet hat.

Unser Dank gilt auch Herrn Dr. Werner Scholze-Stubenrecht, Leiter der Dudenredaktion, der den Autoren mit Rat und Tat zur Seite gestanden hat.

Wir danken ebenfalls dem Springer-Verlag, Heidelberg, für die Erlaubnis, einen Auszug des Inhaltsverzeichnisses aus dem Buch »Technische Berichte« von Lutz Hering auf Seite 60 abzudrucken.

Abschließend danken wir Herrn Pierre Sick vom Stiebner Verlag für die konstruktive Zusammenarbeit.

Übungsbogen

- Sie enthalten mehr als 100 Fragen zu den einzelnen Kapiteln der Mikrotypografie.
- Achten Sie auf die unterschiedlichen Fragestellungen. Mal muss mit »F« für »falsch«, mal mit »R« für »richtig« geantwortet werden.
- Noch ein Tipp aus der Praxis: Arbeiten Sie zunächst nur mit einem Bleistift. So lassen sich falsche Antworten leichter wegradieren.

Die Lösungen

zu den Übungen erhalten Sie, indem Sie eine E-Mail an folgende Adresse senden: mikrotypografie@stiebner.com
Der Verlag sendet Ihnen dann die Lösungen als PDF-Datei zu.

Übung 1

Welche typografischen Aussagen sind richtig?
Kreuzen Sie die richtigen Aussagen im Kästchen rot an. Es kann mehr als ein Satz richtig sein.

1.1 Was ist der Unterschied zwischen Gedankenstrich und Minuszeichen?
- a) ☐ Das Minuszeichen steht höher als der Gedankenstrich.
- b) ☐ Das Minuszeichen ist so lang wie der Querbalken des Pluszeichens.
- c) ☐ Das Minuszeichen steht auf der Mitte der Ziffernhöhe.
- d) ☐ Der Gedankenstrich liegt über der Mitte des Kleinbuchstabens x.

1.2 Wie lang ist der Gedankenstrich?
- a) ☐ so lang wie die Breite einer Ziffer
- b) ☐ so lang wie die Breite von zwei Ziffern
- c) ☐ so lang wie die Breite eines Halbgevierts

1.3 Welcher Abstand wird vor und hinter dem Gedankenstrich gesetzt?
- a) ☐ kein Abstand davor und dahinter, kompress setzen
- b) ☐ vor und hinter dem Gedankenstrich ein normaler Wortzwischenraum
- c) ☐ davor ein GWZR*, dahinter ein Wortzwischenraum [LEERTASTE]
- d) ☐ vor und hinter dem Gedankenstrich ein HGWZR** (Achtelgeviert)

1.4 Welcher Strich wird für den Bis-Strich verwendet?
- a) ☐ der Bindestrich
- b) ☐ der Gedankenstrich
- c) ☐ das Minuszeichen

1.5 Wofür wird der Bis-Strich verwendet?
- a) ☐ für Hausnummern mehrerer Häuser
- b) ☐ für Uhrzeitangaben (. . . bis . . . Uhr)
- c) ☐ für Jahresangaben, Lebensdaten (. . . bis . . .)

1.6 Welcher Abstand wird vor und hinter dem Bis-Strich gesetzt?
- a) ☐ kein Abstand davor und dahinter, kompress setzen
- b) ☐ vor und hinter dem Bis-Strich ein normaler Wortzwischenraum
- c) ☐ vor und hinter dem Bis-Strich ein HGWZR** (Achtelgeviert)

1.7 Welcher Strich wird für den Streckenstrich verwendet?
- a) ☐ der Bindestrich
- b) ☐ der Gedankenstrich
- c) ☐ das Minuszeichen

1.8 Welcher Abstand wird vor und hinter dem Streckenstrich gesetzt?
- a) ☐ kein Abstand davor und dahinter, kompress setzen
- b) ☐ vor und hinter dem Streckenstrich ein normaler Wortzwischenraum
- c) ☐ vor und hinter dem Streckenstrich ein HGWZR** (Achtelgeviert)

1.9 Welcher Strich wird für den Gegen-Strich verwendet?
- a) ☐ der Bindestrich
- b) ☐ der Gedankenstrich
- c) ☐ das Minuszeichen

1.10 Welcher Abstand wird vor und hinter dem Gegen-Strich gesetzt?
- a) ☐ kein Abstand davor und dahinter, kompress setzen
- b) ☐ vor und hinter dem Gegen-Strich ein Wortzwischenraum [LEERTASTE]
- c) ☐ vor und hinter dem Gegen-Strich ein GWZR*

* GWZR = Abk. für »geschützter Wortzwischenraum« (= Viertelgeviert)

** HGWZR = Abk. für »halber geschützter Wortzwischenraum« (= Achtelgeviert)

Übung 2

In welchen Sätzen stecken typografische Fehler?
Markieren Sie die Sätze im Kästchen mit einem roten »F« für falsch und kringeln Sie die Fehlerstelle(n) in den Sätzen rot ein. Es kann mehr als ein Satz falsch oder richtig sein.

2.1
- a) ☐ Es spielten Eintracht−Borussia.
- b) ☐ Es spielten Eintracht–Borussia.
- c) ☐ Es spielten Eintracht – Borussia.
- d) ☐ Es spielten Eintracht : Borussia.

2.2
- a) ☐ die Strecke Darmstadt-Mannheim
- b) ☐ die Strecke Darmstadt−Mannheim
- c) ☐ die Strecke Darmstadt – Mannheim
- d) ☐ die Strecke Darmstadt–Mannheim

2.3
- a) ☐ die Achse New York-Berlin
- b) ☐ die Achse New York−Berlin
- c) ☐ die Achse New York–Berlin
- d) ☐ die Achse New York – Berlin

2.4
- a) ☐ Er studiert an der Christian Albrechts-Universität.
- b) ☐ Er studiert an der Christian-Albrechts Universität.
- c) ☐ Er studiert an der Christian-Albrechts-Universität.
- d) ☐ Er studiert an der Christian Albrechts Universität.

2.5
- a) ☐ Draußen war es -3° Celsius.
- b) ☐ Draußen war es −3 ° C.
- c) ☐ Draußen war es –3 Grad C.
- d) ☐ Draußen war es −3 °Celsius.
- e) ☐ Draußen war es −3 Grad Celsius.
- f) ☐ Draußen war es −3 °C.

2.6
- a) ☐ Er kaufte sich DIN-A-3-Papier.
- b) ☐ Er kaufte sich DIN A-3-Papier.
- c) ☐ Er kaufte sich DIN A3-Papier.
- d) ☐ Er kaufte sich DIN-A3-Papier.

2.7 a) ☐ Der Stau vor der Baustelle auf der A 1.
b) ☐ Der Stau vor der Baustelle auf der A-1.
c) ☐ Der Stau vor der A 1-Baustelle.
d) ☐ Der Stau vor der A 1 Baustelle.
e) ☐ Der Stau vor der A-1-Baustelle.

2.8 a) ☐ Die Firma sitzt in der Frankenallee 71–81.
b) ☐ Die Firma sitzt in der Frankenallee 71-81.
c) ☐ Die Firma sitzt in der Frankenallee 71/81.
d) ☐ Die Firma sitzt in der Frankenallee 71−81.

2.9 a) ☐ die Autobahn Lübeck-Hamburg
b) ☐ die Autobahn Lübeck – Hamburg
c) ☐ die Autobahn Lübeck–Hamburg
d) ☐ die Autobahn Lübeck/Hamburg

2.10 a) ☐ die Verhandlungen EU – Türkei
b) ☐ die Verhandlungen EU/Türkei
c) ☐ die Verhandlungen EU–Türkei
d) ☐ die Verhandlungen EU-Türkei

Übung 3

Wo fehlt der Bindestrich? Wo steht ein Bindestrich zu viel? Kennzeichnen Sie den richtigen Satz mit einem »R« im Kästchen und kringeln Sie die Fehlerstelle(n) ein. Wer möchte, kann auch schon Korrekturzeichen verwenden.

3.1
a) ☐ Werder Bremen geht in die K. o.-Runde.
b) ☐ Werder Bremen geht in die K.o.-Runde.
c) ☐ Werder Bremen geht in die K.-o.-Runde.
d) ☐ Werder Bremen geht in die K. o. Runde.

3.2
a) ☐ Wir gehen zum Rock'n'Roll-Konzert.
b) ☐ Wir gehen zum Rock-'n'-Roll Konzert.
c) ☐ Wir gehen zum Rock-'n'-Roll-Konzert.
d) ☐ Wir gehen zum Rock 'n' Roll-Konzert.

3.3
a) ☐ Sie wohnen in der D. Martin Luther Straße.
b) ☐ Sie wohnen in der D.-Martin-Luther-Straße.
c) ☐ Sie wohnen in der D. Martin Luther-Straße.
d) ☐ Sie wohnen in der D. Martin-Luther-Straße.

3.4
a) ☐ Er bekam die Gewinn- und Verlustrechnung.
b) ☐ Er bekam die Gewinn- und Verlust-Rechnung.
c) ☐ Er bekam die Gewinn-und-Verlust-Rechnung.
d) ☐ Er bekam die Gewinn-und-Verlustrechnung.

3.5
a) ☐ Er kam über die A 1-Ausfahrt Moisling.
b) ☐ Er kam über die A-1-Ausfahrt Moisling.
c) ☐ Er kam über die A1-Ausfahrt Moisling.
d) ☐ Er kam über die A-1-Ausfahrt-Moisling.

3.6
a) ☐ Sie kämpfen für die 35-Stundenwoche.
b) ☐ Sie kämpfen für die 35-Stunden-Woche.
c) ☐ Sie kämpfen für die 35 Stunden-Woche.
d) ☐ Sie kämpfen für die 35 Stundenwoche.

3.7
a) ☐ Ich hab es ihm zum x-ten-Mal gesagt.
b) ☐ Ich hab es ihm zum x-ten Mal gesagt.
c) ☐ Ich hab es ihm zum x-tenmal gesagt.
d) ☐ Ich hab es ihm zum x ten-Mal gesagt.

3.8 a) ☐ Wir treffen uns zur 1. Mai-Feier.
b) ☐ Wir treffen uns zur 1.-Mai-Feier.
c) ☐ Wir treffen uns zur 1.-Maifeier.

3.9 a) ☐ Er half durch Mund zu Mund-Beatmung.
b) ☐ Er half durch Mund-zu-Mund-Beatmung.
c) ☐ Er half durch Mund-zu-Mund Beatmung.

3.10 a) ☐ Der Chef lädt zur 50-Jahrfeier ein.
b) ☐ Der Chef lädt zur 50-Jahr-Feier ein.
c) ☐ Der Chef lädt zur 50 Jahrfeier ein.
d) ☐ Der Chef lädt zur 50 Jahr-Feier ein.

3.11 a) ☐ Sie machen Urlaub in St.-Peter-Ording.
b) ☐ Sie machen Urlaub in St.-Peterording.
c) ☐ Sie machen Urlaub in St. Peter-Ording.
d) ☐ Sie machen Urlaub in St. Peter Ording.

Übung 4

Wo steht der Schrägstrich richtig? Wo ist er fehl am Platz? Kennzeichnen Sie den richtigen Satz mit einem »R« im Kästchen davor und kringeln Sie die falschen Stellen im Satz ein. Es kann mehr als ein Satz richtig sein.

4.1 a) ☐ Der Wagen fährt 220 Stundenkilometer.
b) ☐ Der Wagen fährt 220 kmh.
c) ☐ Der Wagen fährt 220 km/h.
d) ☐ Der Wagen fährt 220 Km/h.
e) ☐ Der Wagen fährt 220 Kilometer pro Stunde.

4.2 a) ☐ im Semester 2013-14
b) ☐ im Semester 2013–14
c) ☐ im Semester 2013/14
d) ☐ im Semester 2013/2014

4.3 a) ☐ das Tennis-Doppel Becker-Stich
b) ☐ das Tennis-Doppel Becker/Stich
c) ☐ das Tennis-Doppel Becker – Stich
d) ☐ das Tennis-Doppel Becker:Stich

4.4 a) ☐ das Tennis-Doppel Boris Becker - Michael Stich
b) ☐ das Tennis-Doppel Boris Becker/Michael Stich
c) ☐ das Tennis-Doppel Boris Becker / Michael Stich
d) ☐ das Tennis-Doppel Boris Becker−Michael Stich

4.5 a) ☐ Sie erreichen ihn unter 04599 887799.
b) ☐ Sie erreichen ihn unter 04599/887799.
c) ☐ Sie erreichen ihn unter 04599-887799.
d) ☐ Sie erreichen ihn unter (0 45 99) 88 77 99.

4.6 a) ☐ Sie machen Urlaub in Florida/USA.
b) ☐ Sie machen Urlaub in Florida-USA.
c) ☐ Sie machen Urlaub in Florida (USA).
d) ☐ Sie machen Urlaub in Florida, USA.

4.7 a) ☐ Er wohnt in Frankfurt/Main.
b) ☐ Er wohnt in Frankfurt (Main).
c) ☐ Er wohnt in Frankfurt a. M.
d) ☐ Er wohnt in Frankfurt am Main.

4.8 a) ☐ Die Redaktion sitzt in der Hofstraße 10–12.
b) ☐ Die Redaktion sitzt in der Hofstraße 10/12.
c) ☐ Die Redaktion sitzt in der Hofstraße 10-12.

4.9 a) ☐ die Juli-August-Ausgabe
b) ☐ die Juli-/August-Ausgabe
c) ☐ die Juli/August-Ausgabe

4.10 a) ☐ ein Maschinengewehr vom Typ 08-15
b) ☐ ein Maschinengewehr vom Typ 0815
c) ☐ ein Maschinengewehr vom Typ 08/15
d) ☐ ein Maschinengewehr vom Typ 08 15

4.11 a) ☐ im Tiroler Ort Bolzano-Bozen
b) ☐ im Tiroler Ort Bolzano, Bozen
c) ☐ im Tiroler Ort Bolzano/Bozen

Übung 5

**In welchen Sätzen stecken typografische Fehler?
Markieren Sie die Sätze im Kästchen mit einem roten »F« für falsch und kringeln Sie die Fehlerstelle(n) in den Sätzen ein. Es kann mehr als ein Satz falsch oder richtig sein.**

5.1 a) ☐ Er gewann den 4x100 Meter-Lauf.
b) ☐ Er gewann den 4x100-Meter-Lauf.
c) ☐ Er gewann den 4×100-Meter-Lauf.
d) ☐ Er gewann den 4mal100-Meter-Lauf.

5.2 a) ☐ Die Firma hat die Telefon-Nr. (0 69) 45 38 49-0.
b) ☐ Die Firma hat die Telefon-Nr. 069/453 84 9 0.
c) ☐ Die Firma hat die Telefon-Nr. (0 69) 45 38 49- 0.
d) ☐ Die Firma hat die Telefon-Nr.   069 - 45.38.49-0.

5.3 a) ☐ Frau Maier erreichen Sie unter 45 38 49-45 + 46.
b) ☐ Frau Maier erreichen Sie unter 45 38 49-45-46.
c) ☐ Frau Maier erreichen Sie unter 45 38 49-45/46.
d) ☐ Frau Maier erreichen Sie unter 45 38 49-45 oder 46.

5.4 a) ☐ Er rief die Handynummer (01 71) 45 36 48 99 an.
b) ☐ Er rief die Handynummer (01 71) 45 36 48 99 an.
c) ☐ Er rief die Handynummer 01 71-45 36 48 99 an.
d) ☐ Er rief die Handynummer 01 71/45 36 48 99 an.

5.5 a) ☐ Die Service-Nummer lautet (0800) 36 36 36.
b) ☐ Die Service-Nummer lautet (08 00) 36 36 36.
c) ☐ Die Service-Nummer lautet 08 00-36 36 36.
d) ☐ Die Service-Nummer lautet 08 00/36 36 36.

5.6 a) ☐ Öffnungszeit: Von 08.15 bis 19.00 Uhr
b) ☐ Öffnungszeit: Von 08.15 Uhr bis 19.00 Uhr
c) ☐ Öffnungszeit: Von 8:15 bis 19:00 Uhr
d) ☐ Öffnungszeit: Von 8.15 bis 19.00 Uhr
e) ☐ Öffnungszeit: Von 8.15–19.00 Uhr
f) ☐ Öffnungszeit: 8.15–19.00 Uhr
g) ☐ Öffnungszeit: Von 8:$^{\underline{15}}$ Uhr bis 19:$^{\underline{00}}$ Uhr

5.7 a) ☐ Der Marathonläufer siegte mit 2.35.12.3 Stunden.
b) ☐ Der Marathonläufer siegte mit 2.35.12,3 Stunden.
c) ☐ Der Marathonläufer siegte mit 2:35:12.3 Stunden.
d) ☐ Der Marathonläufer siegte mit 2:35:12,3 Stunden.
e) ☐ Der Marathonläufer siegte mit 2:35.12,3 Stunden.
f) ☐ Der Marathonläufer siegte mit 2,35,12,3 Stunden.

5.8 a) ☐ Die Handballmannschaft gewann mit 23: 9.
b) ☐ Die Handballmannschaft gewann mit 23:9.
c) ☐ Die Handballmannschaft gewann mit 23:09.
d) ☐ Die Handballmannschaft gewann mit 23 : 9.
e) ☐ Die Handballmannschaft gewann mit 23/9.

5.9 a) ☐ Er kommt am Freitag, den 09. 04. 2010.
b) ☐ Er kommt am Freitag, den 09. April 2010.
c) ☐ Er kommt am Freitag, den 9. April 2010.
d) ☐ Er kommt am Freitag, den 9.4.2010.
e) ☐ Er kommt am Freitag, den 9. 4. 2010.

Übung 6

In welchen Sätzen stecken typische oder typografische Fehler? Markieren Sie die Sätze im Kästchen mit einem roten »F« für falsch und kringeln Sie die Fehlerstelle(n) in den Sätzen ein. Es kann mehr als ein Satz falsch oder richtig sein.

6.1
- a) ☐ Sie sagte: »Lass’ ihn laufen!«
- b) ☐ Sie sagte: »Lass' ihn laufen!«
- c) ☐ Sie sagte: »Lass ihn laufen!«
- d) ☐ Sie sagte: »Lass´ ihn laufen!«

6.2
- a) ☐ Sie standen in Reih’ und Glied.
- b) ☐ Sie standen in Reih’ und Glied’.
- c) ☐ Sie standen in Reih und Glied’.
- d) ☐ Sie standen in Reih und Glied.

6.3
- a) ☐ Er führte sie hinter’s Haus.
- b) ☐ Er führte sie hinters Haus.
- c) ☐ Er führte sie hinter´s Haus.

6.4
- a) ☐ Sie spazierte auf dem Kuhdamm.
- b) ☐ Sie spazierte auf dem Kudamm.
- c) ☐ Sie spazierte auf dem Ku’damm.
- d) ☐ Sie spazierte auf dem Ku-damm.

6.5
- a) ☐ Das Bild zeigt die Funktionen des Organismus.
- b) ☐ Das Bild zeigt die Funktionen des Organismus’.
- c) ☐ Das Bild zeigt die Funktionen des Organismus´.

6.6
- a) ☐ Markieren Sie mit «F» für falsch.
- b) ☐ Markieren Sie mit “F” für falsch.
- c) ☐ Markieren Sie mit „F“ für falsch.
- d) ☐ „Markieren Sie mit ‚F’ für falsch.“

6.7
- a) ☐ Er sagte: „Never change a winning team.“
- b) ☐ Er sagte: “Never change a winning team.”
- c) ☐ Er sagte: «Never change a winning team.»
- d) ☐ Er sagte: ‚Never change a winning team.‘

6.8 a) ☐ Sie kauften gleich zwei PC‘s.
b) ☐ Sie kauften gleich zwei PC’s.
c) ☐ Sie kauften gleich zwei PC´s.
d) ☐ Sie kauften gleich zwei PC.
e) ☐ Sie kauften gleich zwei PCs.

6.9 a) ☐ Er aß bei MacDonalds.
b) ☐ Er aß bei MacDonald´s.
c) ☐ Er aß bei MacDonald‘s.
d) ☐ Er aß bei McDonald’s.

6.10 a) ☐ Er kaufte in London bei Harrod‘s.
b) ☐ Er kaufte in London bei Harrod’s.
c) ☐ Er kaufte in London bei Harrod´s.
d) ☐ Er kaufte in London bei Harrods.

6.11 a) ☐ Der Punkt liegt auf 53°49’10” Nord.
b) ☐ Der Punkt liegt auf 53°49‘10“ Nord.
c) ☐ Der Punkt liegt auf 53°49′10″ Nord.
d) ☐ Der Punkt liegt auf 53°49,10„ Nord.

Übung 7

In welchen Sätzen stecken typische oder typografische Fehler? Markieren Sie die Sätze im Kästchen mit einem roten »F« für falsch und kringeln Sie die Fehlerstelle(n) in den Sätzen rot ein. Es kann mehr als ein Satz falsch oder richtig sein.

7.1 a) ☐ Er kaufte 5 Briefmarken zu 10 und 10 zu 5 Cent.
b) ☐ Er kaufte fünf Briefmarken zu 10 und zehn zu 5 Cent.
c) ☐ Er kaufte 5 Briefmarken zu zehn und 10 zu fünf Cent.
d) ☐ Er kaufte fünf Briefmarken zu zehn und zehn zu fünf Cent.

7.2 a) ☐ Seine 2 Kinder waren sechs und acht Jahre alt.
b) ☐ Seine 2 Kinder waren 6 und 8 Jahre alt.
c) ☐ Seine zwei Kinder waren sechs und acht Jahre alt.
d) ☐ Seine zwei Kinder waren 6 und 8 Jahre alt.

7.3 a) ☐ Der Anteil der FDP stieg von vier auf vier Komma neun.
b) ☐ Der Anteil der FDP stieg von vier auf 4,9.
c) ☐ Der Anteil der FDP stieg von 4 auf 4,9.

7.4 a) ☐ Unsere Wohnung hat 110 Quadratmeter.
b) ☐ Unsere Wohnung hat 110 m2.
c) ☐ Unsere Wohnung hat 110 m^2.

7.5 a) ☐ die CO2-Emission
b) ☐ die CO^2-Emission
c) ☐ die CO_2-Emission
d) ☐ die $CO{\scriptstyle 2}$-Emission

7.6 a) ☐ Er galt als Staatsfeind Nummer eins.
b) ☐ Er galt als Staatsfeind Nr. eins.
c) ☐ Er galt als Staatsfeind Nr. 1.
d) ☐ Er galt als Staatsfeind # 1.

7.7 a) ☐ Nach dem zweiten Weltkrieg kam er zurück.
b) ☐ Nach dem Zweiten Weltkrieg kam er zurück.
c) ☐ Nach dem Weltkrieg II kam er zurück.

7.8 a) ☐ Er sprach von den 60-er Jahren.
b) ☐ Er sprach von den 60-er-Jahren.
c) ☐ Er sprach von den 60er Jahren.
d) ☐ Er sprach von den 60er-Jahren.
e) ☐ Er sprach von den 60iger Jahren.

7.9 a) ☐ Die Entfernung betrug zwölf km.
b) ☐ Die Entfernung betrug 12 km.
c) ☐ Die Entfernung betrug 12 Kilometer.
d) ☐ Die Entfernung betrug zwölf Kilometer.

7.10 a) ☐ Das Schiff kann 1400 Container laden.
b) ☐ Das Schiff kann 1.400 Container laden.
c) ☐ Das Schiff kann 1 400 Container laden.

7.11 a) ☐ die ludolfsche Zahl π = 3,14 15 92 65 35. . .
b) ☐ die ludolfsche Zahl π = 3,141 592 653 5. . .

7.12 a) ☐ Rund 300 Lehrer protestierten.
b) ☐ Rund dreihundert Lehrer protestierten.

Übung 8

Wer Akzente setzen will, muss auch wissen, wie die Diakritika heißen.
Kennzeichnen Sie den richtigen Namen mit einem »R« im Kästchen.

8.1 Dieses Zeichen ◌̂ heißt
a) ☐ Breve
b) ☐ Trema
c) ☐ Zirkumflex

8.2 Dieses Zeichen ◌̈ heißt
a) ☐ Akut
b) ☐ Trema
c) ☐ Makron

8.3 Dieses Zeichen ◌̌ heißt
a) ☐ Hatschek/Caron
b) ☐ Breve
c) ☐ Tilde

8.4 Dieses Zeichen ◌̆ heißt
a) ☐ Hatschek/Caron
b) ☐ Breve
c) ☐ Makron

8.5 Dieses Zeichen ◌̃ heißt
a) ☐ Trema
b) ☐ Makron
c) ☐ Tilde

8.6 Dieses Zeichen ◌̀ heißt
a) ☐ Akut
b) ☐ Gravis
c) ☐ Apostroph

8.7 Dieses Zeichen ◌̧ heißt
a) ☐ Ogonek
b) ☐ Tilde
c) ☐ Cedille

8.8 Dieses Zeichen ◌̨ heißt
a) ☐ Ogonek
b) ☐ Tilde
c) ☐ Cedille

8.9 Dieses Zeichen ’ heißt
a) ☐ einfache Abführung
b) ☐ Minute
c) ☐ Apostroph

8.10 Dieses Zeichen ‘ heißt

a) ☐ einfache Abführung
b) ☐ Minute
c) ☐ Apostroph

8.11 Dieses Zeichen ″ heißt

a) ☐ doppelte Anführung
b) ☐ doppelte Abführung
c) ☐ Zoll/Inch
d) ☐ Sekunde

8.12 Dieses Zeichen “ heißt

a) ☐ Abführung
b) ☐ Doppelakut
c) ☐ Sekunde

Übung 9

Welches Zeichen muss an der durch ein rotes Dreieck △ gekennzeichneten Stelle eingefügt werden? Kennzeichnen Sie die richtige Aussage mit einem »R« im Kästchen.

9.1 typografisch korrektes Datum: 15.△8.△2013
- a) ☐ Wortzwischenraum (WZR)
- b) ☐ nichts, auch kein Wortzwischenraum (WZR)
- c) ☐ halber Festabstand (Achtelgeviert)

9.2 ein Winkel von 45△°
- a) ☐ kein Wortzwischenraum (WZR)
- b) ☐ geschützter Wortzwischenraum
- c) ☐ halber Festabstand (Achtelgeviert)

9.3 Öffnungszeit: 14.00△18.30 Uhr
- a) ☐ Bindestrich
- b) ☐ das Wort »bis«
- c) ☐ Gedankenstrich

geöffnet von 14.00△18.30 Uhr
- a) ☐ Bindestrich
- b) ☐ das Wort »bis«
- c) ☐ Gedankenstrich

9.4 Textverarbeitung von A△Z
- a) ☐ Bindestrich
- b) ☐ das Wort »bis«
- c) ☐ Gedankenstrich

9.5 Die Abkürzung z.△B. bedeutet »zum Beispiel«.
- a) ☐ Wortzwischenraum (WZR)
- b) ☐ nichts, auch kein Wortzwischenraum (WZR)
- c) ☐ halber Festabstand (Achtelgeviert)

9.6 eine Temperatur von −10°△C
- a) ☐ Wortzwischenraum
- b) ☐ nichts, auch kein WZR
- c) ☐ halber Festabstand
- d) ☐ falsche Schreibung

von −10△°C
- a) ☐ Wortzwischenraum
- b) ☐ nichts, auch kein WZR
- c) ☐ halber Festabstand
- d) ☐ falsche Schreibung

9.7 Wir suchen Maler△/△Malerinnen.
- a) ☐ Wortzwischenraum (WZR)
- b) ☐ nichts, auch kein Wortzwischenraum (WZR)
- c) ☐ halber Festabstand

9.8 Durchwahl auf der Nebenstelle 32. Telefon: 48 35 66△32
- a) ☐ Wortzwischenraum
- b) ☐ nichts, auch kein WZR
- c) ☐ halber Festabstand
- d) ☐ Gedankenstrich
- e) ☐ Bindestrich
- f) ☐ Schrägstrich

9.9 das Tennis-Doppel Boris Becker△/△Michael Stich

vor dem Schrägstrich
- a) ☐ Wortzwischenraum
- b) ☐ nichts, auch kein WZR
- c) ☐ GWZR

hinter dem Schrägstrich
- d) ☐ GWZR
- e) ☐ nichts, auch kein WZR
- f) ☐ Wortzwischenraum (WZR)

9.10 Es ist genau 17△35 Uhr.
- a) ☐ Doppelpunkt
- b) ☐ Punkt
- c) ☐ Bindestrich

Das Rennen dauerte 2△48 Stunden.
- a) ☐ Doppelpunkt
- b) ☐ Punkt
- c) ☐ Komma

9.11 Er kaufte 1,5△Pfd. Kartoffeln.
- a) ☐ Wortzwischenraum (WZR)
- b) ☐ nichts, auch kein Wortzwischenraum (WZR)
- c) ☐ halber Festabstand

9.12 Er hatte 1,2△‰ Alkohol im Blut.
- a) ☐ Wortzwischenraum (WZR)
- b) ☐ nichts, auch kein Wortzwischenraum (WZR)
- c) ☐ halber Festabstand

Übung 10

Beantworten Sie die folgenden Fragen und kennzeichnen Sie die richtigen Aussagen mit einem »R« im Kästchen. Es kann mehr als eine Antwort richtig sein.

10.1 Wo wird der Schrägstrich mit (G)WZR davor und dahinter gesetzt?

a) ☐ bei Namenspaaren ohne Vornamen
b) ☐ bei Namenspaaren mit Vornamen
c) ☐ an Zeilenenden von Gedichten im Blocksatz

10.2 Wann wird der doppelte Schrägstrich gesetzt?

a) ☐ bei Namenspaaren mit Vornamen
b) ☐ vor Stockwerksangaben in Briefanschriften
c) ☐ am Ende von Manuskripten
d) ☐ am Strophenende eines Gedichts

10.3 Für welche Wörter steht der Schrägstrich als Wortzeichen?

a) ☐ am
b) ☐ bis
c) ☐ beziehungsweise (bzw.)
d) ☐ je
e) ☐ oder
f) ☐ pro
g) ☐ und
h) ☐ von

10.4 Was wird in runde Klammern gesetzt?

a) ☐ die Vorwahlen von Service-Nummern
b) ☐ die Ortsnetzkennzahlen von Telefonnummern
c) ☐ die Netzkennzahlen von Mobilfunk-Nummern
d) ☐ die geografischen Ergänzungen zu Ortsnamen
e) ☐ die Erklärungen zu unbekannten Abkürzungen
f) ☐ Bankleitzahlen
g) ☐ Abkürzungen zu neu eingeführten Begriffen

10.5 Was wird in doppelte runde Klammern gesetzt?

a) ☐ die zweite, alternative Nummer eines Nebenstellenanschlusses
b) ☐ nicht zu setzende Erläuterungen in Korrekturen

10.6 Was wird in eckige Klammern gesetzt?
- a) ☐ Ortsnetzkennzahlen von Telefonnummern
- b) ☐ Einfügungen innerhalb eines Klammerausdrucks
- c) ☐ Anmerkungen des Autors innerhalb eines Zitats
- d) ☐ Hinweise auf Fehler oder Besonderheiten in Zitaten
- e) ☐ Aussprachehilfen in Lautschrift

10.7 Wo wird in Inhaltsverzeichnissen oder Gliederungen eine schließende Klammer gesetzt?
- a) ☐ hinter römischen Zahlen
- b) ☐ hinter arabischen Zahlen
- c) ☐ hinter Großbuchstaben
- d) ☐ hinter Kleinbuchstaben

10.8 Hinter welchen Elementen steht in Inhaltsverzeichnissen oder Gliederungen ein Punkt?
- a) ☐ hinter römischen Zahlen
- b) ☐ hinter arabischen Zahlen
- c) ☐ hinter Großbuchstaben
- d) ☐ hinter Kleinbuchstaben

Ebenfalls lieferbar:

Frank Baranowski

Type Rules:
Die zehn Pflichten des Typografen

Format 14,0 x 18,0 cm
80 Seiten, fester Einband
€ 12,90 [D] · € 13,30 [A]
ISBN 978-3-8307-1422-4

Michael Harkins

Using Type:
Eine Gebrauchsanweisung für Schrift

Format 16,3 x 23,0 cm
184 Seiten, über 250 Abb.
€ 29,90 [D] · € 30,70 [A]
ISBN 978-3-8307-1409-5